முன்னுரை

"நான் போகிறேன் மேலே மேலே பூலோகமே காலின் கீழே" என்று தொடங்கும் பாடல் ஒரு அற்புதமான காதல் கவிதை என்றாலும், இந்த பாடல் தற்போது விண்வெளி துறையில் நடந்துவரும் முன்னேற்றதிருக்கு மிக பொருத்தமாகவும் இருக்கிறது.

வெறும் சைக்கிளில் போவதே பலருக்கு உற்சாகம் அளிக்கும். உலகத்திலேயே அதிகபட்ச வேகத்தில் செல்லும் வாகனமான ராக்கெட்டில் சென்றால் எப்படி இருக்கும்! சீறிப்பாயும் தீபாவளி ராக்கெட் எழும்புவதை பார்ப்பதே ஒரு ஆனந்தம் தான். ஒரு பெரிய கப்பல் கண்டைனரயே தூக்கி செவ்வாய் வரை கொண்டு செல்லும் ராக்கெட் பறப்பதை பார்ப்பது எவ்வளவு வியப்பாக இருக்கும்! வாருங்கள் இந்த புத்தகம் வழியாக ராக்கெட் பற்றியும் விண்வெளி பற்றியும் பல அற்புதங்களை காட்டுகிறேன்.

விண்வெளித் துறையை பொறுத்தவரை அனைத்து நாடுகளும் சிறந்தவையே. எந்த நாட்டையும் இழிவு படுத்துவது என் நோக்கமல்ல. அதேபோல், எந்த தனி நபரையும் இழிவு படுத்துவதும் என் நோக்கமல்ல. சரித்திரத்தை எனக்குத் தெரிந்த வரை, குழப்பாமல், தெளிவாக கூறவேண்டிய கட்டாயத்தினால், சில இடங்களில் நாட்டின் பெயர்களையும், தனி நபர்களின் பெயர்களையும் குறிப்பிட்டிருக்கிறேன். இந்த குறிப்புகளை தவறாக எடுத்துக்கொள்ளாமல், வாசகர்கள் தூங்காமலிருக்க வேண்டும் என்ற ஒரே காரணத்திற்க்காக எழுதப்பட்டவை என்று எடுத்துக்கொள்ளுங்கள்.

செவ்வாய் மாப்பிள்ளை

"அஞ்சலி, என்ன கல்யாணமா? மாப்பிள்ளை என்ன சொல்றார்? செவ்வாயிலிருந்து எப்ப வராறாம்?", என்றார் அஞ்சலியின் அத்தை.

வெட்கம் கலந்த ஒரு புன்சிரிப்பில் அஞ்சலி, "செவ்வாய்ல வேல அதிகமா இருக்காம். கல்யாணத்துக்கு ரெண்டு நாள் முன்னாடி தான் வர முடியுமாம்".

சிறிது கவலையுடன் அத்தை, "பாத்து, தாமதமாயிடப் போகுது. ஏதோ சூரிய வானிலை சரியில்லையாமே."

அஞ்சலி: ஏற்கனவே பூமியும் செவ்வாயும் ரெண்டு வருடத்திற்கு ஒரு முறை தான் நெருங்கி வரும், இதுல சூரியன் வேற என் கல்யாணத்துல கலகம் பண்றாரா!

அத்தை: சரி அத விடு, மணிக்கணக்கா பேச்சா?

அஞ்சலி: இல்ல அத்தை, வாட்ஸ்ஆப்பில செய்தி அனுப்பிச்சாலே போய்ச்சேருவதற்கு 12 நிமிடம் பிடிக்கும். அதனால, அதிகபட்சம் ஈமெயில் தான்.

அத்தை: ஹூம்! கைபேசி காலத்துல ஓலை தொடர்புக்கு போயிட்டீங்க போலிருக்கு! செவ்வாய்க்கு போனதும் எங்களை எல்லாம் மறந்துடாதே அம்மா. பையன் பிறந்தா பூமிபுத்ரன்னும், பெண் பிறந்தா பூமிதேவின்னும் பேரு வையு. எந்த கிரஹம் போனாலும் எந்த நட்சத்திரம் போனாலும் பூமியிலேந்து வந்தோம்ன்றத மறக்காதே. மாப்பிள்ளைக்கு என்ன உத்யோகம்?

அஞ்சலி: கார்த்திக், செவ்வாயில, சுரங்கத்துல வேலை பாக்கறாரு. ஒவ்வொரு முறை ஒவ்வொரு கனிமத்தை தோண்டியெடுக்கற வேலை. போன முறை ரோடியம். இந்த முறை தங்கம். சில கனிமத்த செவ்வாய்லயே பயன்படுத்திடுவாங்க, சிலவற்றை பூமிக்கு ஏற்றுமதி செய்வாங்க. தங்கத்துக்கு பூமியில அதிகம் கிராக்கி இருப்பதால் தங்கத்த பூமிக்கு அனுப்பிச்சிடறாங்க. இரும்பு செவ்வாய்ல கட்டுமானத்துக்கு தேவைப்படுவதால் செவ்வாயிலேயே வெச்சுக்கறாங்க. இதுக்கு மேல ராக்கெட் மெக்கானிக் வேலையும் செய்வார்.

அத்தை: எந்த கம்பெனி?

அஞ்சலி: ஸ்பேஸ்-எக்ஸ்

அத்தை: ஆஹா, புடிச்சாலும் புடிச்ச புளியங்கொம்பா புடிச்சிருக்க!

சிறிது கோபத்துடன் அஞ்சலியின் அம்மா, "என் பொண்ணுக்கு மட்டும் என்ன கொறச்சலாம். இவளும்தான் கோட்ரேஜ் ஏரோஸ்பேஸில ரொபாட்டுகளை வடிவமைக்கும் வேலை பாக்கறா. சொல்லப்போனா மாப்பிள்ளையைவிட இவளுக்குத்தான் படிப்பு அதிகம்."

அத்தை: இல்ல அக்கா தப்பா எடுத்துக்காதீங்க சும்மா வெறும் தமாஷு பண்ணேன். நம்ப பெண்ணோட மதிப்பு எனக்கு தெரியாதா. ஆமாம், செவ்வாய்க்கு போவதற்கு பாஸ்போர்ட் வேணுமா?

அஞ்சலி: வேணும். அதுமட்டுமல்ல செவ்வாய் விசா கூட வேணும்.

அத்தை: விசாவேறயா?

அஞ்சலி: ஆமாம். ஐ.நா. அலுவலகத்துக்குப் போய் வாங்கணும்.

செவ்வாயில்..

மேலாளர்: என்னப்பா கார்த்திக், டேங்குல திரவ ஆக்சிஜன நிரப்பிட்டியா?

கார்த்திக்.. திரும்பிக்கொண்டே மேலாளரைப்பார்த்து, "ரொப்பிக்கிட்டே இருக்கேன் சார்"

மேலாளர்: பாத்து பாத்து, அஞ்சலி நினைப்புல ஜொள்ளால நிரப்பிடப்போற!

கார்த்திக்: அதப்பத்தி கவலைய விடுங்க சார். எல்லாம் கச்சிதமா முடிச்சுடுவேன். இல்லேன்னா ரெண்டு வருஷத்திற்கு அப்புறம் தான் பூமிக்கு போக முடியம்.

இப்படியான ஒரு கற்பனை வெறும் ட்ரெய்லர் தான். முழு படம் இதை விட அற்புதமாக இருக்கும்.

சுருக்கமான வரலாறு

ராக்கெட் விஞ்ஞானம் சரியாக இன்ன தேதியில் ஆரம்பித்தது என்று கூறமுடியாது. ஆனால் அதற்கு தேவையான அடிப்படை விஞ்ஞான தத்துவங்களும் இயந்திரங்களும் இன்ன நூற்றாண்டில் வழக்கில் இருந்தது என்று குறிப்புகள் உண்டு. அமெரிக்க விண்வெளி ஆய்வு நிறுவனம் நாசா இணைய தளத்தில் இதைப்பற்றி சிறு தொகுப்பு இருக்கிறது.

கிரேக்கர்கள் 2400 ஆண்டுகளுக்கு முன்பே, நீராவியை கொண்டு கம்பியில் நகரும் ஒரு மர புறா பொம்மையை விளையாட்டுப் பொருளாக பயன்படுத்தினராம். பின்னர், நீராவியை கொண்டு சுற்றும் ஒரு எந்திரத்தையும் வடிவமைத்திருக்கின்றனர். இந்த இரண்டு எந்திரங்களும் ராக்கெட் இயங்குவது போலவே, நியூட்டனின் மூன்றாவது விதியின் படித்தான் இயங்குகிறது என்று அவர்கள் அறியார்.

பண்டைய இந்திய விஞ்ஞானிகள் இதுபோல் ஏதாவது கண்டுபிடித்தார்களோ இல்லையோ தெரியாது. ஒருவேளை அவர்கள் கண்டுபிடித்தது இடையில் அழிந்து போயிருக்கலாம். ஒன்று மட்டும் நிச்சயம், பண்டைய இந்திய ராக்கெட் விஞ்ஞானத்தை பற்றி எந்த குறிப்பும் எனக்கு கிடைக்கவில்லை. கர்நாடக மாநிலத்தில் இருக்கும் ஹளேபிடு என்ற ஊரில் இருக்கும் கோவிலில், அம்பு ராக்கெட் போன்ற தோற்றம் கொண்ட சிற்பம் இருப்பதாக ஒரு குறிப்பு உண்டு.

நீராவிக்கு பிறகு அடுத்த பெரும் முன்னேற்றம் வெடிமருந்து. சீனாவிலோ ஆயிரம் ஆண்டுகளுக்கு முன்பே வெடிமருந்து கண்டுபிடிக்கப் பட்டுவிட்டது. பின்னர் சீனாவில் வெடிமருந்தை துப்பாக்கிகளிலும், பீரங்கியிலும், மற்றும் மூங்கில் குழாய்களில் அடைத்து அம்பில் கட்டியும் போரில் பயன்படுத்த ஆரம்பித்துவிட்டனர். மூங்கில் குழாய் ராக்கெட் தான் உலகத்தின் ஆதி ராக்கெட். இன்று ஏவப்படும் அனைத்து ராக்கெட்டுகளில் காணப்படும் அடிப்படை அம்சங்களை இதில் காணலாம். இதுமட்டுமல்ல, நாம் தீபாவளியில் பக்கத்து வீட்டிற்கும் எதுத்த வீட்டிற்கும் ஏவுவோமே தீபாவளி ராக்கெட், அது வேறொன்றும் இல்லை சீன அம்பு ராக்கெட்டு தான். என்ன, கூறிய நுனி மட்டும் கிடையாது. பக்கத்து வீட்டுக்காரரை காயப்படுத்தாமல் இருக்க வேண்டுமல்லவா அதற்குத்தான்!

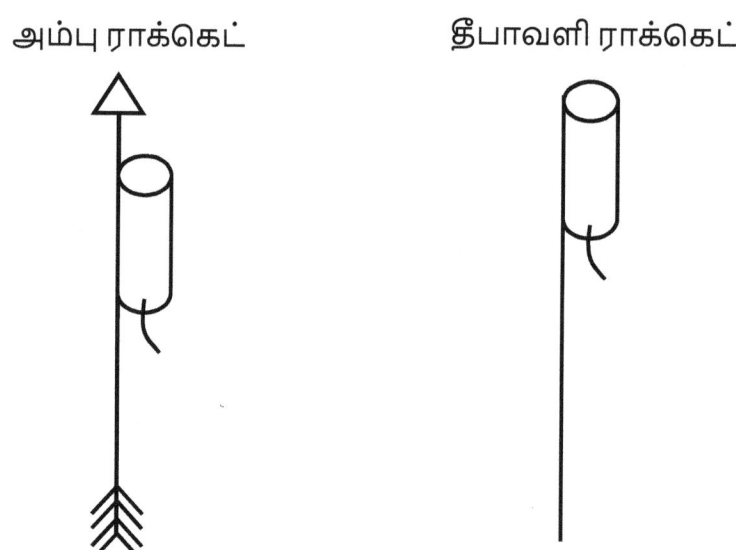

அம்பு ராக்கெட்   தீபாவளி ராக்கெட்

மங்கோலியர்கள் வழியாக சீனத்து ராக்கெட் தொழில்நுட்பம், ஐரோப்பா சென்றடைந்தது. ஐரோப்பாவில் வெடிமருந்தை இன்னும் பலமாக வெடிக்க வைக்கும் முறையை கண்டறிந்தனர். இதைத்தவிர ஒரு ராக்கெட்டின் மேல் இன்னொரு ராக்கெட்டை வைத்து அதிக உயரம் செல்லும் சாதனையையும் செய்தனர். இத்தகைய அடுக்கு மாடி ராக்கெட் இன்னும் உபயோகப் படுத்தப்படுகிறது. ஏன் நம் பி.எஸ்.எல்.வி ராக்கெட் கூட அடுக்கு மாடி ராக்கெட் தான். பி.எஸ்.எல்.வி ராக்கெட்டில் நான்கு உபராக்கெட்டுகள் இருக்கிறது.

அடுத்த முக்கியமான முன்னேற்றம் இந்தியாவில், அதுவும் மைசூரில். ஏறக்குறைய 250 ஆண்டுக்கு முன்பே ராணுவத்தில் ஒரு புது விதமான ராக்கெட் கொண்டுவரப்பட்டது. இந்த ராக்கெட்டின் விசேஷம் இரும்பு. அதுவரை பெரும்பாலும் மூங்கில் குழாய் ராக்கெட்டுகள் தான் பயன்படுத்தப்பட்டது. மூங்கில் குழாய்களுக்குள் வெடிமருந்து எரியும் பொழுது ஏற்படும் அழுத்தத்தை சற்று தாங்கினாலும் அதிபட்ச அழுத்தத்தை அடைய முடியாமல் பலவீனமாக இருந்தது. குழாயை இரும்புக்கு மாற்றியபின் அதிகபட்ச அழுத்தத்தை அடைந்து அதிக தூரம் செல்ல முடிந்தது. மைசூர் அரசுக்கும் ஆங்கிலேயர்களுக்கும் இடையே நடந்த போர்களில் பல இரும்பு ராக்கெட்கள் பயன்படுத்தப்பட்டது. உதைபட்ட வெள்ளையர்களில் ஒருவர் இரும்பு குழாய் தொழில்நுட்பத்தின் மதிப்பை உணர்ந்து அதை மூலமாக வைத்துக் கொண்டு ராக்கெட் தொழில்நுட்பத்தை முன்னேற்ற தொடங்கினார். அதுவரை ராக்கெட் வடிவமைப்பு ஒரு கலையாக மட்டுமே இருந்தது. இவர்தான் முதன் முறையாக விஞ்ஞான ரீதியில் பல சோதனைகள் செயது ராக்கெட் வடிவமைப்பை ஒரு விஞ்ஞானமாக மாற்றினார்.

தொழில்நுட்ப வளர்ச்சியை பற்றி குறிப்பிடும் போது வெறும் விஞ்ஞானிகளை மட்டும் குறிப்பிட தோன்றும். ஆனால் அந்த விஞ்ஞானிகளுக்கே ஆர்வத்தை தூண்டும்படி எழுதப்பட்ட கதைகளின் கதாசிரியர்களையும் குறிப்பிட

வேண்டியிருக்கிறது. சுமார் நூறு - நூற்றி ஐம்பது வருடங்களுக்கு முன் ஜூல்ஸ் வேர்ன் என்ற ஒரு பிரான்ஸ் நாட்டவரும் மற்றும் எச். ஜி. வெல்ஸ் என்ற ஒரு ஆங்கிலேயரும் விண்வெளி ஆராச்சியை பற்றி கதை எழுதியவர்கள். இவர்கள் எழுதிய கதைகள், விண்வெளி விஞ்ஞானம் மக்களுக்கு போய்ச்சேருமாறு ஸ்வாரஸ்யத்துடன் அமைந்திருந்தன. குறிப்பாக "பூமியிலிருந்து நிலவிற்கு" என்ற ஜூல்ஸ் வேர்நின் கதையும் "உலகங்களுக்குள் போர்" என்ற எச். ஜி. வெல்ஸின் கதைகள் சிறுவர்களை ராக்கெட் விஞ்ஞானம் மீது ஆர்வம் கொள்ள தூண்டியிருக்கிறது.

அந்த சிறுவர்களுள் ஒருவர் தான் கான்ஸ்டான்டின் சியோகாவ்ஸ்கி. இவர் ஒரு ரஷிய விஞ்ஞானி, தனிமை விரும்பி. ராக்கெட் விஞ்ஞானி என்றாலே ராக்கெட்டுகளை துருவி இங்கும் அங்கும் ஏவுபவர் என்ற கற்பனையிலிருந்து மாறுபட்டவர். இவர் ஒரு வடிகட்டி எடுக்கப்பட்ட கணித அறிஞர். இவரது முக்கிய பங்களிப்பு நீங்கள் எதிர்பார்க்கும்படி ராக்கெட்டிற்கு தேவையான கணிதம் தான். இன்றும் ராக்கெட் வடிவமைப்புக்கு தேவைப்படும் "சியோகாவ்ஸ்கி சமன்பாடு" இவர் கண்டுபிடித்தது தான். இதை தவிர பல ராக்கெட்டுக்கும் விண்வெளி பயணத்திற்கும் தேவை படும் எந்திரங்களை முன் மொழிந்திருக்கிறார்.

அடுத்த பெரும் முன்னேற்றம் திரவ எரிபொருள் ராக்கெட். இதை பற்றி பலர் ஆய்வு செய்துவந்தாலும் ராபர்ட் கோடார்ட் என்ற அமெரிக்கா விஞ்ஞானி தான் இதை வெற்றிகரமாக செயல்படுத்தி காண்பித்தார். அதுவரை, திட எரிபொருளை மட்டுமே வைத்து செயல்பட்ட ராக்கெட்டுகளை காட்டிலும் இது சற்றே மாறுபட்டதாகும். வெடி மருந்தை போன்ற திட எரிபொருளை எரியூட்ட முடியுமே தவிர அணைக்க முடியாது. ஆனால் திரவ ராக்கெட்டை துவக்கவும் அணைக்கவும் முடியும். கோடார்ட், ராக்கெட்டில் எப்படி அதிகபட்ச உயரத்தை அடைவது என்று சரியான உக்தியை குறிப்பிட்டார். அச்சமயம் இதை புரிந்துகொள்ள முடியாத பத்திரிக்கை ஆசிரியர், நியூயார்க் டைம்ஸ் நாளிதழில் அவரது தத்துவங்களை கேலி செய்து அவரை கிழி கிழி என்று கிழித்து விட்டார். குறிப்பாக, அவருக்கு மேல் நிலை பள்ளிகளில் சொல்லித்தரப்படும் இயற்பியல் கூட தெரியவில்லை என்று பரிகசித்தார். இந்த கடும் விமர்சனத்தால் கோடார்டின் மனம் என்ன அவமானம் அடைந்ததோ தெரியாது ஆனால் அவர் தத்துவம் நூற்றுக்கு நூறு உண்மை என்று பின்னர் உலகே உணர்ந்தது. அதே நியூயார்க் டைம்ஸ் நாளிதழ், கேலி செய்த ஐம்பது ஆண்டுகளுக்கு பிறகு, அவர் தத்துவம் சரி என்று ஒப்புக்கொண்டு பிழைக்கு மன்னிப்பு கோரியது. பாவம் இந்த மன்னிப்பு வெளிவரும் போது கோடார்ட் உயிருடன் இல்லை. இதற்கு 24 ஆண்டுகளுக்கு முன்பே காலமாகியிருந்தார்.

இதுவரை பயனுள்ள சிறு ஆயுதமாகவும், விளையாட்டுப் பொருளாகவும், விஞ்ஞானமாகவும், இருந்து வந்த ராக்கெட்டுகளை ஒரு அதி பயங்கர கதி கலங்க வைக்கும் அஸ்திரமாக மாற்றிய பழி, வேர்னர் வான் ப்ராவுன் என்ற ஜெர்மானிய விஞ்ஞானியை போய்ச் சேரும். அவர் மீதும் முழு பழியை சுமத்தி விட முடியாது. அவர் இருந்த காலகட்டம் அப்படி. அப்பொழுது ஜெர்மனியையும், ஏன் உலகையே ஆட்டிப்படைத்துக் கொண்டிருந்வர், ஹிட்லர் என்ற சர்வாதிகாரி.

ஹிட்லர் போல ஒருவன், நாட்டின் தலைவராக இருக்கும் போது விஞ்ஞானி என்றாலும் தப்பிக்க முடியுமா என்ன? வான் ப்ராவுன் என்னவோ முதலில், கோடார்ட் வெளியிட்ட திரவ ராக்கெட்டின் வடிவமைப்பை பின்பற்றி விண்ணுக்கு செல்வதையே குறிக்கோளாக கொண்டிருந்தார். விண்ணுக்கு செல்வதில் என்ன பயன் என்று யாரும் முன்வந்து அவர் ஆராய்ச்சிக்கு முதலீடு செய்ய மறுத்திருக்கலாம். அதனாலோ என்னவோ அவர் கொடுங்கோல் ஜெர்மானிய அரசுக்கு துணை போனால் பரவாயில்லை, ராக்கெட் விஞ்ஞானத்தையாவது வளர்ப்போம் என்று நினைத்திருக்கலாம். அவர் வடிவமைத்த வீ-2 ஏவுகணை நாடு விட்டு நாடு பாயும் உலகின் முதல் ஏவுகணை. போரின் விளைவை ஜெர்மனிக்கு சாதகமாக திருப்பவில்லை என்றாலும் இங்கிலாந்து அரசை கண்டிப்பாக நடுங்க வைத்து விட்டது. ஜெர்மனி பல ஏவுகணைகளை லண்டனை நோக்கி செலுத்தியதில் சில ஏவுகணைகள் லண்டனை அடைந்து சேதம் ஏற்படுத்தியது. ஓசையை விட 3 மடங்கு வேகமாக செல்லும் வீ-2 ஏவுகணைகளை சுட்டு வீழ்த்துவது எப்படி என்று தெரியாமல் அகில உலக ராணுவத் தலைவர்களும் ஒரு நொடி வாய்மூடி கண்சிமிட்டாமல் திகைத்தனர். ஏவுகணையை மட்டும் போர் முடிவதற்கு பல ஆண்டுகளுக்கு முன்னர் தயார் படுத்தியிருந்தால் உலக வரலாறே வேறு திசையில் சென்று இருக்கும். அதிர்ஷ்ட வசமாக இதை முழுமையாக மெருகேற்றி துல்லியமாக்குவதற்குள் போர் முடிந்து விட்டது, ஜெர்மனியும் தோற்று விட்டது, ஹிட்லரும் மாண்டான்.

விதி வெவ்வேறு மனிதர்களின் வாழ்கையில் வெவ்வேறு மாதிரி விளையாடுகிறது. வான் ப்ரவுனுக்கு ஹிட்லர் என்றால் ரஷ்ய விஞ்ஞானி செர்கெய் கொரொரோலெவுக்கு கொடுங்கோல் காவல்துறை. கொரொரோலெவ் ராக்கெட் தொழில்நுட்பத்தில் வேலைபார்த்து வந்த போது, சந்தேகத்தின் பேரில் கைது செய்யப்பட்டு, பின்னர் "கூலாக்" என்ற கடும் சித்ரவதை முகாமில் தள்ளப்பட்டார். சைபீரிய குளூரில் சிக்கி போதிய உணவு கொடுக்க படாததால், இவர் பல பற்களை இழந்தார். முழுதாக உடல் ஓயுந்து போய் உயிர் பிரிவதற்கு முன் அதிர்ஷ்டக் காத்து அவர் பக்கம் வீசத் தொடங்கியது. அவர் தண்டனையை அரசு குறைத்து அவரை மீண்டும் ராக்கெட் ஆராய்ச்சில் அமர்த்தியது. இதற்கு சற்று முன்னர் தான் ஜெர்மனி இரண்டாம் உலககபோரில் தோல்வி அடைந்திருந்தது. வான் ப்ராவுனும் அவரது குழுவில் பலரும் அமெரிக்காவிடம் சரண் அடைந்திருந்தனர். அப்பொழுது ராக்கெட் விஞ்ஞானத்தில் ஜெர்மனிதான் உலகில் முதல் இடம் வகித்திருந்தது. ஜெர்மானிய தொழில்நுட்பத்தை நீ முந்தி

நான் முந்தி என்று போட்டா போட்டி போட்டுக்கொண்டு ரஷ்யாவும் அமெரிக்காவும் பிய்த்து கொண்டிருந்தன. ரஷ்யா வீ-2 ராக்கெட் தொழிற்சாலை சாதனங்களையும் வீ-2 ராக்கெட்டுகளையும் கைப்பற்ற, அமெரிக்கா வான் ப்ராவுன் குழுவையும் வீ-2 ராக்கெட் பாகங்களையும் கைப்பற்றியது.

கைபற்றிய வீ-2 சாதனங்களை வைத்து ரஷ்யா மீண்டும் வீ-2 ஏவுகணையை ரஷ்யாவில் உருவாக்கும் முயற்சில் கொரொலெவ்வை நியமித்தது. கொரொலெவ் ராக்கெட் தொழில்நுட்பத்திற்கு கொடுத்த முக்கிய பங்களிப்பு அவர் மேளாண்மை. அவர் தலைமையில் ரஷ்யா ஒன்றன் பின் ஒன்றாக விண்வெளி தொழில்நுடபத்தில் சாதனை மேல் சாதனை படைத்தது. உலகத்தை சுற்றி வரும்படி ஏவப்பட்ட முதல் செயற்கை கோள் ஸ்புட்னிக், விண்ணுக்கு சென்ற முதல் நாய் லைகா, விண்னுக்கு சென்ற முதல் மனிதன் யூரி ககாரின், பூமியின் புவியீர்ப்பிலிருந்து தப்பித்து ஆழ்ந்த விண்வெளிக்கு சென்ற முதல் செயற்கை பொருள், நிலவை தொட்ட முதல் செயற்கை பொருள் என்று பல. துரதிஷ்டவசமாக நிலவுக்கு ஒரு ரஷ்ய குடிமகனை அனுப்பும் திட்டம் நிறைவேறுவதற்குள், இவர் உடல் நலம் குன்றி, இவர் ஆன்மா விண்வெளி அடைந்தது. இவருக்கு பின் வந்தவர்களுக்கு மேளாண்மை திறமையோ, மேற்பார்வையில் வேலை செய்யும் தொழிலாளிகளை கவரும் தன்மையோ, விண்வெளி ஆராய்ச்சியின் பேரில் வெறியோ இல்லை. ரஷ்யாவிலும் அமெரிக்காவை போல நிலவிற்கு மனிதனை அனுப்புவதற்கு மிகுந்த செல்வத்தை செலவிட முடியவில்லை. இதனால் நிலவிற்கு சென்று திரும்பிய முதல் மனிதன் ஒரு ரஷ்ய குடிமகன் இல்லாமல் ஒரு அமெரிக்க குடிமகனாகினான். எனினும் இவர் வாழ்க்கை பல மக்களுக்கு உத்வேகம் தரும் ஒரு கதை. உடல் துன்புறுத்தலை தாண்டி, பண பற்றாக்குறையை தாண்டி, நண்பர்கள் காலை வாறிவிட்டதை தாண்டி, கொடுங்கோல் ஆட்சியில் கூட ஒருவர் சாதனை மேல் சாதனை செய்ய முடியும் என நிரூபித்தவர்.

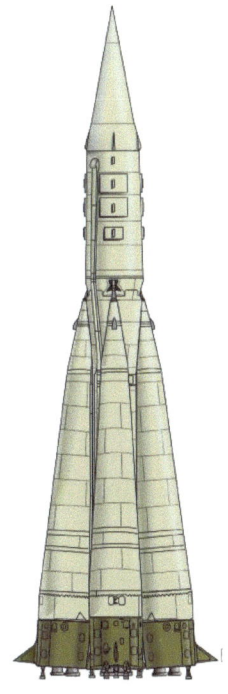

வான் ப்ராவுன் அமெரிக்காவில் தஞ்சம் அடைந்தார் என்று கூறி அங்கேயே அவர் கதையை விட்டிருந்தோம் அல்லவா. இப்பொழுது அவர் கதைக்கே மீண்டும் திரும்புவோம். என்னதான் அமெரிக்கா ஜெர்மானிய ராக்கெட் தொழில்நுட்பத்தை வான் ப்ராவுனின் மூலம் அடைந்துவிடலாம் என்று கனவு கண்டாலும், வான் ப்ராவுனுக்கு அமெரிக்காவில் கடும் எதிர்ப்பும் அவர் மேல் சந்தேகமும் இருந்துவந்தது. விஞ்ஞானி என்றாலும் அவர் நாசி ஜெர்மானியர்களுடன் ஒற்றுப்போய், அப்பாவி மக்களை சித்ரவதை செய்ததில் உடந்தை தானே. அமெரிக்க மேலதிகாரம் அவரிடமிருந்து தொழில் ரகசியத்தை மட்டும் கறந்து அவரை முக்கியமான பணிகளிலிருந்து கழற்றி விட பெரிதும் முயன்றது. சொந்த அமெரிக்க விஞ்ஞானிகள் மூலம் வேலையை சாதித்துக்கொள்ளலாம் எனபது அவர்கள் திட்டம். ஆனால் அமெரிக்க விஞ்ஞானிகளுக்கு வான் ப்ராவுனுக்கு இருந்த விண்வெளி பற்றோ பல வருட அனுபவமோ இல்லை. விளைவு, அமெரிக்கா விண்வெளி போட்டியில் பின்னடைவை சந்தித்தது. கொரொலெவ் ரஷ்யாவிற்கு சாதனை மேல் சாதனை ஈட்டித் தந்து கொண்டிருக்கும் பொது, அமெரிக்க விஞ்ஞானிகள் தீபாவளி ராக்கெட் புஸ் ஆவது போல பெரிய பெரிய ராக்கெட்டுகளை புஸ் ஆக்கி கொண்டிருந்தனர். வேறு வழி இல்லாமல், வான் ப்ராவுனிடமே திரும்பியது அரசாங்கம். நாசி-ஜெர்மனி தனக்குத் தந்த கெட்ட பெயரை துடைத்துக் கொள்ள கிடைத்த சந்தர்ப்பத்தை நன்கு பயன்படுத்திக் கொண்டார் வான் ப்ரவுன். ரஷ்யாவின் முன்னேற்றத்திற்கு ஈடுகொடுக்க முடியாமல் வெட்கி தலை குனிந்து இருந்த அமெரிக்க அரசு, ரஷ்யர்களை மண்ணை கவ்வ வைக்கவேண்டும் என்ற வெறியில் இருந்தது. வான் ப்ராவுனும் ராக்கெட்டுகளை புஸ் ஆக்காமல் சரிவர செலுத்த தொடங்கினார்.

ரஷ்யர்களை தொழில் நுட்பத்தில் வெல்ல முடியாது என்று புரிந்து கொண்ட அமெரிக்க அரசு, ரஷ்யாவை பொருளாதாரத்தில் தான் வெல்ல முடியும் என புரிந்து கொண்டது. இந்த தருணத்தில், ஒரு துடிப்பான, மக்கள் மனத்தைக் கவர்ந்த அரசியல் வாதி ஜான் எப் கென்னடி அமெரிக்க பிரதமராக இருந்தார். விண்வெளி ஆராய்ச்சியில் அரசியில் வாதிகளுக்கும் முக்கிய இடம் உண்டு. அவர்களிடம்தான் செல்வாக்கும், கஜானாவின் சாவியும் இருக்கிறது. கென்னடியும் அவர் பங்கிற்கு நாட்டை ஒருமுகப்படுத்தி நிலவுக்கு செல்வதையே மக்களுக்கு உயிர் மூச்சு போல கருதவைத்தார். கென்னடியின் உற்சாகம் ஊட்டும் உரை, இன்றும் பல இடங்களில் திரும்ப கூறப்படுகிறது. உலகிலேயே முதன் முறையாக, ஒரு நாட்டையே ஓர் பேர் இலக்கை நோக்கி செயல் படுத்திய பெருமை இவரைச்சேரும். இது தவிர இவர், கஜானாவிலிருந்து பணத்தை கங்கை நீர் போல வான் ப்ராவுனின் ராக்கெட் வடிவமைக்கும் முயற்சிக்கு பாய்ச்சினார். செலவு பத்து லட்சம் கோடி ரூபாய் என்றால் இதய துடிப்பே ஒரு நிமிடம் நின்றுவிடுகிறது. வான் ப்ராவுனும், கென்னடி திருப்தி அடையும் படி செலுவுக்கேற்ப உலகிலேயே மிகப்பெரிய ராக்கெட்டை வடிவமைத்தார். அதற்கு “சாடேர்ன்” என்று பெயரிடப்பட்டது. அதுவும் வெடித்து சிதறாமல் நிலவுக்கு அமெரிக்கர்களை கொண்டு சென்று திரும்பியது, அமெரிக்காவுக்கும் வெற்றி தந்தது. அமெரிக்காவின் திட்டப்படி ரஷ்யா, அமெரிக்காவின் முதலீடை சமாளிக்க முடியாமல் மண்ணைக் கவ்வியது. தோற்ற பின் ரஷ்யா நிலவுக்கு

மனிதனை அனுப்பும் திட்டத்தையே கைவிட்டது. வான் ப்ராவுன், தனது போர் குற்றவாளி என்ற களங்கத்தை போக்கிக் கொண்டு, மாபெரும் சாதனை படைத்தார். இன்றைக்கும், ஐம்பது ஆண்டுகள் கடந்தும், உலகில் சாடேர்ன் ராக்கெட்டை விட பெரிய ராக்கெட் கிடையாது.

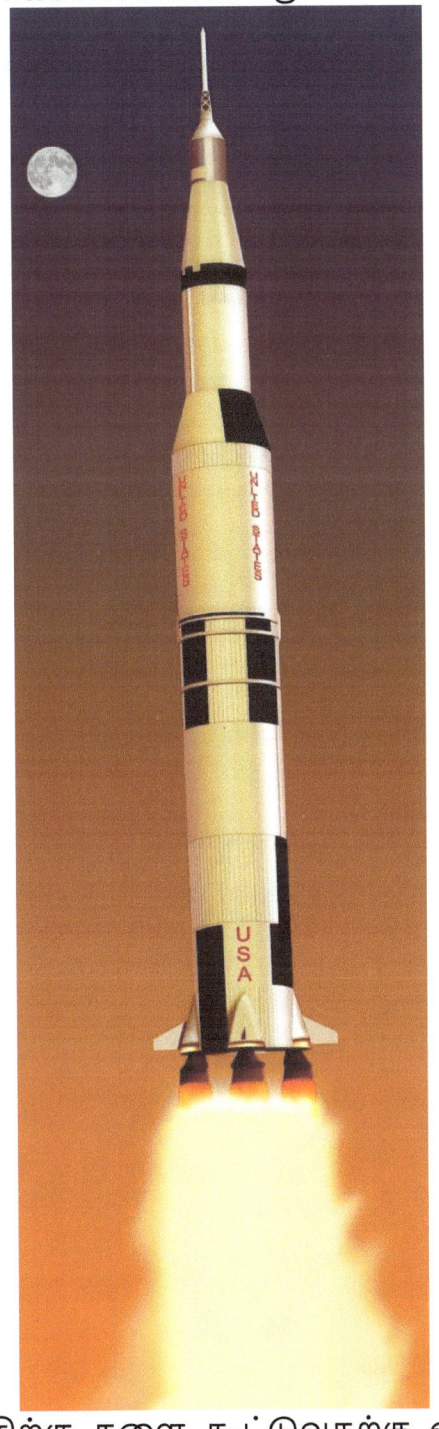

எப்படி ஒரு ரஜினி படத்திற்கு களை கூட்டுவதற்கு ஒரு ரகுவரன் தேவையோ, அதேபோல அமெரிக்க விண்வெளி ஆராய்ச்சியின் மீது மக்களுக்கு ஆர்வம் நீடிப்பதற்கு ரஷ்யாவின் கடும் போட்டி தேவை பட்டது. ரஷ்யா தோல்வியை ஒப்புக்கொண்ட பின் அமெரிக்க மக்களுக்கு விண்வெளியின் மீது ஆர்வம்

குன்றியது. ஒன்றுக்கும் பயன்படாதது விண்வெளி ஆராய்ச்சி என்றும் சிலர் கருதினர். நீ பெரியவனா நான் பெரியவனா என்ற அமெரிக்க ரஷ்யா போட்டியின் விளைவால் நாட்டிற்கு நேர்ந்த நஷ்டத்தினால் சிலர் கோபம் கூட அடைந்தனர். எனினும், இந்த நிலவு சென்று திரும்பிய சாதனை, அகில உலகிற்கே, பிரம்மாண்ட திட்டம் தீட்டி அதை சாதிக்கவும் முடியும் என்பதை எடுத்துக்காட்டுகிறது. வேறு உலகளாவிய பிரச்சனைகளை சந்திக்கும்போது அதிகாரிகள் சொல்லிக்கொள்வது என்ன வென்றால் "சந்திர மண்டலத்திற்க்கே சென்று திரும்பியிருக்கிறோம், இதை கூடவா சாதிக்க முடியாது".

இது ஒரு பக்கம் இருக்க, முதன் முதலில் ராக்கெட், ராணுவத்தில் அம்பு எய்யும் கருவியாகவே தானே ஆரம்பித்தது. அந்த உபயோகம் பன் மடங்கு பெருகி, கண்டம் விட்டு கண்டம் பாயும், அணு குண்டு தாங்கிய பேரழிவு ஆயுதங்களாக உருவெடுத்தது. இந்த ஏவுகணைகளை வடிவமைப்பதில் மேற் கூறிய விஞ்ஞானிகளின் பங்கு உறுதியாக உண்டு. உலகை பல முறை அழிப்பதற்கு தேவையான அளவு அணு குண்டுகளும், அதை கொண்டு எதிரி இடத்தில் சேர்ப்பதற்கு தேவையான ஏவுகணைகளும், வல்லரசு நாடுகளிடம் இருக்கிறது. சற்று குறைந்த எண்ணிக்கையில் பிற பல நாடுகளும் இத்தகைய ஆயுதங்களை வைத்திருக்கின்றன. பேரழிவு ஆயுதங்களுக்கு விண்வெளி ஆராய்ச்சி நேரடியாக உதவுகிறது என்பதில் சந்தேகமில்லை. இது வருந்தத்தக்கது என்பதால் இதை இத்துடன் நிறுத்திக்கொள்வோம். வெறும் உற்சாகம் ஊட்டும் விஷயங்களை மட்டுமே பார்ப்போம்.

ஆர்வம் குறையவே, நட்சத்திர நாயகர் அந்தஸ்து பெற்ற கோடார்ட், வான் பிரவுன் போன்றவர்கள் பல வருடங்களுக்கு தோன்றவில்லை. விண்வெளி ஆராய்ச்சி செய்திகளும் மக்களுக்கு ஒரு தினசரி நடக்கும் சாதாரண விஷயம் போல ஆகிவிட்டது. நட்சத்திரங்கள் உருவாகவில்லையே தவிர, சாதனைகளில் குறைவு ஒன்றும் இல்லை. பல செயற்கை கோள்கள் ஏவப்பட்டதினால் தகவல் தொழில்நுட்ப்பதில் புரட்சி ஏற்பட்டது. இன்று நாம் வீட்டில் உட்கார்ந்தபடி ஜயா டி வீ, கலைஞர் டி வீ, சன் டி வீ, விஜய் டி வீ, இன்னும் பல டீ வி அலைவரிசைகளில் ஒளிபரப்பப்படும் காட்சிகளை கண்டு ரசிக்கிறோம். இதில் வரும் கிரிக்கெட் விளையாட்டு, முக்கியச் செய்திகள், அன்றாட நிகழ்ச்சிகள் போன்றவற்றை, நேரலையாக, உடனுக்குடன் பார்ப்பதற்கு அடிப்படையே விண்ணிற்கு ஏவப்படும் செயற்கை கோள்கள் தான். ஒரு இடத்திலிருந்து இன்னொரு இடம் செல்வதற்கு தேவையான வழி கண்டுபிடிப்பிற்கு உதவும் ஜீ.பீ.எஸ், இந்த கால கட்டத்தில் நிறுவப்பட்டவை தான். விண்வெளியில் நிரந்தரமாக ஆராய்ச்சி நிலையம், அதிலும் நிரந்தரமாக பணி புரிவர்தற்கு மனிதர்கள், செவ்வாய்-வெள்ளி போன்ற கிரஹங்களுக்கு மனிதனில்லா இயந்திரங்களை கொண்டு சேர்த்தல், விண்வெளி தொலைநோக்கி, விண்ணிற்கு சென்று பின்னர் விமானம் போல தரை இறங்கும் ஷட்டில் என்று பல அற்புதங்கள் இக்காலத்தில் நிகழ்த்தப்பட்டன.

இது இப்படியிருக்க, இந்தியாவில் விண்வெளி ஆராய்ச்சியில் பெரிதளவு ஒன்றும் நிகழவில்லை. மைசூர் இரும்பு குழாய் ராக்கெட்டுக்கு பின் ஒன்றும் சாதிக்கவில்லை. வேறு நாடுகளென்னவோ செவ்வாயையே தொட்டிருந்தனர். இந்த நிலையில் இந்தியாவும் விண்வெளி தொழில்நுட்பத்தில் முன்னேற

வேண்டும் என்று வலியுறுத்தினார் விக்ரம் சாராபாய் என்ற உத்வேகம் நிறைந்த ஒரு விஞ்ஞானி. அவர் தொலை நோக்கு பார்வையுடன் நிறுவிய பல ஆராய்ச்சி மையங்கள் இந்தியாவில் வெவ்வேறு இடங்களில் இருக்கின்றன. அகமதாபாத், கல்பாக்கம், தும்பா, கல்கத்தா, திருவனந்தபுரம், ஜடுகுடா போன்ற இடங்களில் அவர் நிறுவிய மையங்கள் இன்றும் நாட்டின் விண்வெளி மற்றும் அணு ஆராய்ச்சிக்கு இன்றி அமையாததாக இருக்கின்றன. இன்றைக்கு அனேகமான இந்தியர்களுக்கு தெரிந்த இந்திய விண்வெளி ஆராய்ச்சி நிறுவனம், ஐ.ஸ்.ஆர்.ஒ, இவர் துவக்கி வைத்ததுதான். விக்ரம் சாராபாய் இந்தியாவில் விண்வெளி ஆய்வுக்கு வித்திட்டதினால் அவரை பீஷ்ம பிதாமகரை போல பாவிக்கின்றனர் தற்போதய விஞ்ஞானிகள். இன்றும் இந்திய விண்வெளி தொடர்பாக, எதற்காவது பெயர் சூட்ட வேண்டும் என்றால் முதலில் மனதிற்கு வருவது விக்ரம் சாராபாயின் பெயர் தான்.

விக்ரம் சாராபாய்க்கு பின் அவரது சிஷ்யர் போல் உருவாகிய அப்துல் கலாம் விக்ரம் சாராபாய் இட்ட அஸ்திவாரத்தின் மேல் பெரும் கோபுரத்தையே எழுப்பினார். இன்றைக்கு, காலை வாராமல், செயற்கை கோள்களை விண்ணுக்கு மீண்டும் மீண்டும் துல்லியமாக ஏவும் பீ.எஸ்.ல்.வீ என்று அழைக்கப்புடும் ராக்கெட், இவர் தலைமையில் வடிவமைத்த எஸ்.ல்.வீ ராக்கெட்டின் அடுத்த தலைமுறை தான். இதுமட்டும் அல்லாது இவர் தலைமையில் இந்திய நாட்டு பாதுகாப்புக்கு தேவையான பல ரக ஏவுகணைகள் வடிவமைக்கப் பட்டது. இன்றைக்கு ராக்கெட் தொழில்நுடபத்தில் இந்தியா உலக நாடுகளை ஒப்பிடுகையில் குறிப்பிடத்தக்க முன்னேற்றம் அடைந்து இருக்கின்றது என்றால் அது இவரால் தான். இந்த பங்களிப்பையெல்லாம் தாண்டி இவரது முக்கிய பங்களிப்பு இளைஞர்களுக்கு நம்பிக்கை தான். ராமேஸ்வரம் அருகிலுள்ள ஒரு கிராமத்தில் பிறந்து உழைப்பால் மட்டுமே அகில உலகில் பெருமதிப்பை பெறமுடியம் என்று காட்டினார். இவர் சொற்பொழிவுகளால் விண்வெளியை பற்றி பட்டி தொட்டியிலிருந்து மாநகரம் வரை விழிப்புணர்வு ஏற்பட்டது. நிறைய இளைஞர்களுக்கு இவர் மானசீக குரு.

அப்துல் கலாமிற்கு பிறகு சூப்பர் ஸ்டார் அந்தஸ்துடன் விண்வெளி ஆர்வலர்கள் மத்தியில் பெரிய ரசிகர் கூட்டத்தை கொண்டிருக்கும் நபர் ஈலான் மஸ்க். இவர் தென் ஆப்ரிக்காவில் பிறந்து அமெரிக்காவில் குடியேறியவர். இவர் ஒரு சராசரி நடுத்தர வர்க்கத்து குடும்பத்தில் தான் பிறந்தார். வெறும் அதீத தொழில்நுட்ப ஆர்வத்தினாலும், கடும் உழைப்பினாலும் உற்சாகம் குறைந்து தொய்வு அடைந்திருந்த விண்வெளி துறையை ஒரு கலக்கு கலக்கிக் கொண்டிருக்கிறார். இவரது நிறுவனம் தான் ஸ்பேஸ் எக்ஸ். இணைய வர்த்தகம் தோன்றிய கால கட்டத்தில், "பேபால்" என்ற நிறுவனத்தை தொடங்கிவைத்தார். இந்த நிறுவனம் சக்கை போடு போடவே, அதை விற்று விட்டு வந்த காசில் விண்வெளி நிறுவனத்தை துவக்கினார். விண்வெளி துறை என்றால் சும்மாவா பல கோடி முதலீடு தேவை. பேபால் விற்பனையில் அதிக பணம் கிடைத்திருந்தாலும் கூட விண்வெளி நிறுவனத்திற்கு ஆகும் செலவை ஒப்பிடுகையில் அது பிச்சை காசு தான். நெருக்கடியில் இவர் என்ன செய்தார் என்பது ஒரு சுவாரஸ்யமான கதை.

முதலில் இவர் குறிக்கோள் என்னவோ சும்மா ஒரு ராக்கெட்டில் விதையை செவ்வாய்க்கு அனுப்பி செவ்வாயில் சிறு செடியயை வளர்த்து காண்பிப்பதாகத் தான் இருந்தது. இந்த கண் காட்சியினால், இவர் மக்கள் மனதில் விண்வெளி ஆராய்ச்சியை பற்றி ஆர்வம் ஏற்படுத்த வேண்டும் என்று விரும்பினார். இதற்க்காக தேவைப்படும் ராக்கெட் வாங்குவதற்கு அவர் வெளிநாடு சென்றார். அது சற்று அமைதியான கால கட்டம். வல்லரசு நாடுகளுக்கு இடையே நடந்து வந்த பனிப் போர் முடிந்திருந்தது. முன்னாள் வடிவமைப்பின் பாரம்பரியத்தில் வந்த, கண்டம் விட்டு கண்டம் பாயும் ஏவுகணைகளும் பழையதாகி இருந்தன.

ஏவுகணைக்கும் விண்வெளி ராக்கெட்டிர்க்கும் அதிக வித்யாசம் இல்லை. அதனால், உள்ளிருக்கும் ராக்கெட் இன்ஜினை ஏவுகணையிலிருந்து பிரித்தெடுத்து அதை செயற்கை கோள் ஏவுவதற்கு பயன்படுத்துவது வழக்கம். வெளிநாடு சென்று ஏவுகணையில் இருக்கும் ராக்கெட் இன்ஜின்களை வாங்கி தன் செவ்வாய் திட்டத்திற்கு பயன்படுத்திக் கொள்ளலாம் என்று ஈலான் நினைத்தார். வெளிநாடு சென்று ராக்கெட் மோட்டார் வாங்க பேரம் பேசவே, அவரை ஒரு விரல் சூப்பும் பாலகனை போல நடத்தி, மதிக்காமல் இருந்திருக்கின்றனர் வெளிநாட்டு நிறுவனத்தார். மனம் நொந்து அமெரிக்கா திரும்பினார். மீண்டும் இன்னொரு முறை வெளிநாடு சென்று எப்படியும் ராக்கெட் மோட்டார் வாங்கிவிடலாம் என்ற நம்பிக்கையில் புறப்பட்டார். வெளிநாட்டிலும் அவருக்கு ராக்கெட் மோட்டார் விற்பதற்கு ஒரு நிறுவனம் முன்வந்தது. ஆனால் ராக்கெட் மோட்டாரை 56 கோடி ரூபாய்க்கு கீழ் விற்கமுடியாது என்று தெளிவாக கூறிவிட்டது. கோபம் அடைந்த ஈலான், "சரிதான் போங்கடா நானே ராக்கெட் செய்துகொள்கிறேன்" என்று நினைத்துக் கொண்டு பேச்சுவார்த்தை அறையிலிருந்து வெளியேறினார்.

பின்னர் அமெரிக்கா திரும்பி ராக்கெட் நிருவனத்திற்கு ஒவ்வொருவராக வேலைக்கு சேர்த்து ஸ்பேஸ் எக்ஸை தொடங்கினார். இன்று அபாரமான வளர்ச்சி அடைந்து, ஏதோ விரைவு ரயில் விடுவது போல சில வாரங்களுக்கு ஒரு முறை என்ற வீதத்தில், ராக்கெட் பின் ராக்கெட்டாக விட்டுக் கொண்டிருக்கிறது இந்த நிறுவனம். இவர் விண்வெளி துறைக்கு தந்துகொண்டிருக்கும் முக்கிய பங்களிப்பு, உற்சாகம் தான். மனம் தளராமல் லட்சம் கோடி முதலீடை கண்டு அசராமல் மணிக்கணக்கில் உழைத்து விண்ணை தொட்டவர். இவர் காலத்திற்கு முன் விண்வெளித் துறை அரசு ஆதரவில் மட்டுமே இயங்கி வந்தது. இவர் தான் தனி மனிதனும் தனியார் நிறுவனமும் கூட விண் வெளியை அடைய முடியும் என நிரூபித்தார். இதற்கு இவர் கையாண்ட உக்தியும் புதிது. திருகாணியிலிருந்து முழு ராக்கெட் வரை அனைத்து அங்கங்களையும் தரம் குறையாமல் மலிவாக தயாரிக்க முடியும் என்று காட்டினார். இதுதான் ஸ்பேஸ்-எக்ஸின் வெற்றிக்கு முக்கிய காரணம். இவர் சாதனைகள் மேலும் தொடர்ந்து கொண்டிருக்கிறது .

விண்வெளி, ஏதோ மூஞ்சியை உம் என்று வைத்துக் கொண்டு, சாக்கு மூட்டை போல ஏதோ ஆடை அணிந்து கொண்டு போகவேண்டிய இடமென்றும், அதுவும்

விஞ்ஞானிகளுக்கும், பணக்காரர்களுக்கு மட்டும் என்ற கருத்தை உடைக்க ஒருவர் கிளம்பி இருக்கிறார். இவர் தான் பலரும் பயன்படுத்தும் இணைய வர்த்தக தளம் அமெசான் நிறுவனத்தின் தலைவர் ஜெப் பேஸோஸ். இவர் "ப்ளூ ஆரிஜின்" என்ற தனியார் நிறுவனத்தின் மூலம் விண்வெளியை தொட்டு திரும்புவதை ஒரு உற்சாக சவாரியாக பொது மக்களுக்கு அளிக்க விரும்புகிறார். இதை ஒட்டி, இந்த நிறுவனம் தனது "நியூ ஷெப்பேர்ட்" ராக்கெட்டை 5 முறை விண்வெளியை தொடவைத்து, சேதமில்லாமல் தரை இறக்கி இருக்கிறது. மேலும் அதிக சக்திவாய்ந்த ராக்கெட் இன்ஜினையும் ப்ளூ ஆரிஜின் வடிவமைத்து வருகிறது.

ராக்கெட் செயல்பாடு

விண்வெளி விஞ்ஞானத்திற்கு அடிப்படை அண்ட சராசரத்தை பற்றி சரியான கருத்து. ஒவ்வொரு மனிதனின் மூளை என்னவோ உலகிலேயே தாம் தான் மிக முக்கியமான விஷயம் என்ற மாயயை உருவாக்கினாலும், உண்மை என்னவென்றால் பிரபஞ்சம் பிரமாண்டமானது. பிரபஞ்சத்தின் பெரிய தலைகள் நட்சத்திரங்கள். இந்த நட்சத்திரங்கள், கூட்டம் கூட்டமாக பிரபஞ்சம் முழுதும் பரவி இருக்கின்றன. நாம் இருப்பது கூட இப்படி ஒரு கூட்டத்தில் தான். அதன் பெயர் ஆகாச கங்கை. இந்த நட்சத்திர கூட்டத்தில் நம் சூரியனும் ஒரு நட்சத்திரம். அதுவும் பெரிய நட்சத்திரங்களை ஒப்பிடுகையில் தம்மாதூண்டு நட்சத்திரம். நட்சத்திரங்களை சுற்றிவரும் தனக்கென்று ஒளி இல்லாதவை கிரஹங்கள். நம் பூமி இதுபோல் ஒரு கிரஹம். பூமியும் உருவத்தில் வெறும் ஐந்தாம் இடத்தில் தான் இருக்கின்றது. இந்த சிறு பூமியில் நிற்கும் ஒரு சிறு துகள் தான் ஒரு தனி மனிதன். இதுதான் மனிதனின் முகவரி.

பல பேர் மனதில் இந்நேரத்தில் ஒரு கேள்வி எழலாம், "நாம் ஏன் பூமியில் ஒட்டிக்கொண்டு இருக்கிறோம்? வெறுமனே பறந்து வான் வெளியில் ஏன் திரிய முடியவில்லை?". இதற்கு விடை புவி ஈர்ப்பு சக்தியில் உள்ளது. எந்த ஒரு பொருளும் மற்ற பொருட்களை ஈர்க்கின்றது. இந்த ஈர்ப்பு சக்தி அந்த பொருட்களின் எடையை பொறுத்தது. பூமியின் எடை நம்மை சபக் என்று வலுவாக ஒட்டிவைக்கும் படி இருக்கிறது. நாம் எவ்வளுவுதான் தம் கட்டி

குதித்தாலும் பூமியை விட்டு தப்பிக்க முடியாது. ஒருவேளை பூமியின் எடை ஒரு சிறு பாறை அளவுதான் என்று இருந்தால், லேசாக குதித்தாலே விண்வெளிக்கு தப்பித்துவிடலாம். ஆனால் பூமி சற்றே ஈர்ப்பு உண்டாக்கும் படி கனமாக இருப்பதால் பூமியிலிருந்து தப்பிப்பதற்கு தேவை மணிக்கு சுமார் 40,000 கி மீ வேகம். ஒரு சாதாரண விரைவு ரயிலின் வேகத்தை விட இது 400 மடங்கு அதிகம். பிரமிப்பு ஊட்டும் இந்த வேகத்தில் செல்வதற்கு இதுவரை எந்த சக்கரம் பொருந்திய வண்டியோ, இறக்கை கொண்ட விமானமோ படைக்க படவில்லை.

ஒரே வாகனம் தான் இதற்கு பொருத்தமானது, அதுதான் ராக்கெட். ஆச்சரியமாக, ராக்கெட் செயல்படும் விதமோ மிக எளிமையானது. ராக்கெட்டின் அடியிலிருந்து எவ்வளவு வேகமாக எவ்வளவு எடை வெளி வருகிறதோ அதே அளவுக்கு ராக்கெட் மேலே தள்ளப்படும். இதுதான் அனைத்து ராக்கெட் விஞ்ஞானத்தின் சாராம்சம். எப்படி ராக்கெட்டில் இருக்கும் எரிபொருளை வைத்து, தேர்ச்சியாக, வெளிவரும் எடைக்கு வேகம் ஊட்டுவது என்பது தான் ராக்கெட் தொழில்நுடபத்தின் ஒரே குறிக்கோள். வெவ்வேறு வடிவமைப்புகள் வெவ்வேறு மைலேஜ் கொடுக்கும். இதுவரை ராக்கெட்டை மட்டும் போற்றியதால் ராக்கெட்டே ஒரு ஹீரோ போல படிப்பவர்களுக்கு தோன்றலாம். உண்மையில் ராக்கெட் டம்மி தான். அது வெறும் பொதி சுமக்கும் ஒரு கழுதை. அது சுமந்து செல்லும் பொருள் தான் கதாநாயகன். பெரும்பாலும் ராக்கெட் ஏற்றிச் செல்லும் சரக்கு செயற்கை கோள்களே. இது தவிர விஞ்ஞான சாதனங்கள், வெடி குண்டு, மனிதர்கள், எரிபொருள், அன்றாட தேவைக்கான சரக்கு, குப்பை என்று தரையில் ஓடும் லாரி சுமந்து செல்லும் அணைத்து பொருட்களையும் ராக்கெட்டும் சுமந்து செல்கிறது. என்ன, ராக்கெட்டில் சரக்கு அனுப்பவதற்கு தரைவழி சரக்கு அனுப்புவதை விட ஆயிரக் கணக்கான மடங்கு விலை அதிகம். ராக்கெட் பாஷையில் இந்த சரக்குக்கு பெயர் "பேலோட்". இந்த வார்த்தையை அப்படியே மொழி பெயர்த்தால் "கட்டண சுமை" என்று கொள்ளலாம். எப்படி குறைந்த செலவில் அதிக பேலோடை விண்ணிற்கு அனுப்பலாம் என்பது விண்வெளி தொழிலின் முக்கியமான கேள்வி.

ராக்கெட் இன்ஜின் வகைகள்

திட எரிபொருள் ராக்கெட் இன்ஜின்

மிகவும் எளிதான பழம்பெரும் ராக்கெட் இன்ஜின், நாம் முன்னால் பார்த்தது போல் திட எரிபொருள் ராக்கெட் இன்ஜின். சாதாரண பாஷையில் சொல்லப்போனால் தீபாவளி ராக்கெட் இன்ஜின். ராக்கெட் இன்ஜினுக்கு ராக்கெட் மோட்டார் என்றும் இன்னொரு பெயர் உண்டு. திட ராக்கெட் மோட்டாரில் பேருக்கேற்றாற் போல், திட எரிபொருள் நிரம்பி இருக்கும். நடுவில் ஒரு குழாய் போன்ற ஒரு காலி இடம் அமைந்திருக்கும். எரிபொருளை கொளுத்தி விட்டதும் நடுவிலிருந்து எரிய தொடங்கி ராக்கெட் மோட்டாரின் சுவர் வரை எரிந்து முடிக்கும். இப்படி எரியும் போது, ராக்கெட்டின் அடி வழியாக மிக வேகத்தில் தீ ஜ்வாலை வெளி வரும். இந்த வேகமாக வரும் எடை தான் ராக்கெட்டை மேலே தள்ளுகிறது. வெளி வரும் எடை எந்த திசையில் வருகிறதோ அதற்கு எதிர் திசையில் தான் ராக்கெட் உந்தப்படும். தீ ஜ்வாலையை அதிகமாக விரிய விட்டால் உந்துதல் குறைந்துவிடும். அதிகமாக விரியவிடாமல்

பாத்துக்கொள்ளும் வேலையை செய்வதற்குத் தான் மோட்டாரில் நாஸில் என்ற பாகம் இருக்கிறது. இது ஒரு கோவில் மணி போல குறுகலாக மேலிருந்து ஆரம்பித்து, கீழே அகண்டு தோன்றும். தீபாவளி ராக்கெட்டிலும் இது உண்டு. அடுத்த முறை ஒரு தீபாவளி ராக்கெட்டை பார்க்கும் போது அதன் அடியில் பாருங்கள் திரியை சுற்றி ஒரு சிறு பாவாடை போல அட்டை இருக்கும். கீழே வரும் ஜ்வாலையை சிதறவிடாமல் கீழே மட்டுமே கட்டுப்படுத்துவதற்குத் தான் இது.

திட எரிபொருள் ராக்கெட் பல இடங்களில் உபயோகிக்க படுகிறது. பெரும்பாலும் இது முதல் பாகத்தில் கூடுதல் உந்துதல் தருவதற்கு உபயோகிக்க படுகிறது. திட ராக்கெட்டின் ஒரே பிரச்சனை என்னவென்றால் பற்றி விட்ட பின் அணைக்க முடியாது. கொளுத்தி விட்டது கொளுத்திவிட்டது தான்.

திரவ எரிபொருள் ராக்கெட் இன்ஜின்

திரவ ராக்கெட்டில் திட ராக்கெட்டை விட கூடுதல் பாகங்கள் உண்டு. எரிபொருளுக்கு ஒரு தொட்டியும், எரிபொருளை எரிப்பதற்குத் தேவையான ஆக்சிடைசருக்கு ஒரு தொட்டியும், இவை இரண்டும் எரிவதற்கு ஒரு அறையும் மற்றும் எரிபொருள் ஆக்சிடைசர் இரண்டையும் அழுத்தத்துடன் அறைக்கு தள்ளுவதற்கு பம்ப் சாதனம் என்று நான்கு கூடுதல் பாகங்கள் இருக்கும். திட ராக்கெட்டில் இருக்கும் நாஸுல் திரவ ராக்கெட்டிலும் உண்டு. திரவ ராக்கெட்டை அணைப்பது மிக எளிது. பம்ப்பை நிறுத்திவிட்டால் அறைக்கு செல்லும் எரிபொருளும் ஆக்சிடைசரும் நின்றுவிடும். தீயும் நின்று விடும். வெளிவரும் எடையும் நின்றுவிடும். மேலே உந்துதலும் நின்றுவிடும்.

கலப்பு ராக்கெட் இன்ஜின்

கலப்பு ராக்கெட், திடத்திற்கும் திரவத்திற்கும் கலப்பு திருமணம் செய்துவைத்தார் போல் அந்த இரு வகைகளின் அம்சங்களும் கொண்டது. திட எரிபொருள் அறையில் நிரம்பியிருக்கும். அதில் குழாய் போன்ற காலி இடம் இருக்கும். ஆக்சிடைசர் திரவம் ஒரு தொட்டியில் அறைக்கு மேல் இருக்கும். ஒரு பம்ப் திரவ ஆக்சிடைசரை, திட எரிபொருள் இருக்கும் அறைக்குள் பாய்ச்சும். திட எரிபொருள் ஆக்சிடைசருடன் எரிகையில், வேகமாக ஜ்வாலை கீழே வர, ராக்கெட் மேலே உந்தப்படும். கலப்பு ராக்கெட் திட ராக்கெட் அளவுக்கு எளிமையாக இல்லாவிட்டாலும் திரவ ராக்கெட்டை விட எளிமையானது. திரவ ராக்கெட்டை போல அணைக்கக்கூடியது. இந்த ராக்கெட் பெரும்பாலும் உபயோகத்தில் இல்லாமல் ஏட்டில் மட்டுமே இருக்கிறது.

சூரிய ஒளியினால் இயங்கும் ராக்கெட், அணுசக்தியினால் இயங்கும் ராக்கெட், ஒளியால் உந்தப்படும் ராக்கெட் என்று பெரும்பாலும் உபயோகித்திற்கு வராத, ஆராய்ச்சி நிலையில் இருக்கும் ராக்கெட் இன்ஜின்களும் உண்டு.

சராசரி ராக்கெட்

ஒரு சராசரி ராக்கெட்டில் பல உப ராக்கெட் இன்ஜின்கள் இருக்கும். உதாரணத்திற்கு இந்தியாவின் ஜீ.எஸ்.எல்.வீ ராக்கெட்டை எடுத்துக்கொள்வோம். இதன் முதல் நிலையில் ஒரு திட ராக்கெட் இன்ஜின் இருக்கிறது. இதற்கு உதவியாக, அதிக சுமை அதாவது, பேலோட், தூக்குவதற்கு நான்கு கூடுதல் திரவ ராக்கெட் இன்ஜின்கள் பொருத்தபட்டிருக்கிறது. ராக்கெட் பாஷையில் கூடுதல் உந்துதல் தரும் இன்ஜின்களுக்கு “பூஸ்டர்” என்று பெயர். இரண்டாவது நிலையில் ஒரு திரவ இன்ஜினும் மூன்றாவதும் கடைசி நிலையில் மீண்டும் ஒரு திரவ இன்ஜினும் இருக்கிறது. உச்சியில் மகுடம் போல பேலோட் பொருத்தப்படும். பேலோடை இரண்டு பூவிதழகள் மொட்டு போன்று பொத்தி காக்கும் வடிவத்தில் இருப்பது ஒரு கவசம். இதற்கு ராக்கெட் பாஷையில் பெயர் “ஃபேரிங்”. இதைத் தவிர, கண்ணுக்குத் தெரியாத முக்கியமான பாகங்களும் உண்டு. ராக்கெட்டின் திசை, வேகம், பேலோடை சரியான தருணத்தில் பிரிப்பது, தரை அலுவலகத்துடன் தொலை தொடர்பு வைப்பது, போன்ற கட்டுப்பாடு சம்பந்தமான செயல்களை செய்வதற்கு, மின்னணு சாதனங்களும் ராக்கெட்டிற்கு அத்யாவஸ்யம். ஒருவொரு இன்ஜினுக்கு தேவைப்படும் எரிபொருள், இன்ஜினுக்குள்ளோ அல்லது இன்ஜினை ஒட்டியோ இருக்கும். இவ்வளவு தான் ஒரு சராசரி ராக்கெட்.

புவி சுற்றுப்பாதை

செயற்கை கோள் விண்ணில் செலுத்தப்பட்டது என்ற செய்தி சாமானியம் ஆகிவிட்டது இப்போது. ஏதேனும் ஒரு நாடோ நிறுவனமோ வாரம் ஒரு முறை வீதத்தில் செயற்கை கோள்களை செல்லுத்துகின்றது. எப்போதாவது செயற்கை கோள் வானத்தில் எங்கு நின்று கொண்டிருக்கிறது என்று எண்ணியதுண்டா? செயற்கை கோள் எப்படி செயல்படுகின்றது என்பதை இப்போது பார்ப்போம். வீட்டிலோ அலுவலகத்திலோ உட்கார்ந்திருந்தால் எழுந்திருங்கள். வெளியே சென்று ஒரு சிறு கல்லை கையில் எடுத்துக்கொண்டு ஆளில்லா திசை நோக்கி வீசுங்கள். கல் என்னவாயிற்று? தரையை விட்டு சிறிது உயரம் சென்று ஆரம்பித்த இடத்தை விட்டு சற்று தொலைவு சென்று கீழே விழுந்ததல்லவா. மேலும் இன்னொரு கல்லை எடுத்து போனமுறை வீசியதை விட கொஞ்சம் வேகமாகவே வீசுங்கள். கல் இப்போது என்ன ஆயிற்று? இன்னும் உயரமும் தூரமும் அடைந்திருக்கும். வேகத்தை மேலும் மேலும் அதிகரித்தால் ஒரு கட்டத்தில் கல் தரையையே தொடாமல் விழுந்து கொண்டே இருக்கும். "இது எப்படி சாத்தியம்? மேலே போனது கீழே வரவேண்டும் என்பதல்லவா விதி?" என்று கேள்வி எழலாம். ஆம் அது தான் விதி ஆனால் அந்த விதி பூமி தட்டையாக இருந்தால் தான் பொருந்தும். நம் உருவத்தை ஒப்பிடுகையில் பூமி மிக பெரியது என்பதால் நமக்கு தரை தட்டையாக தோன்றுகிறது. அதி வேகத்தில் செல்லும் போது கல் விழும் வளைவு, உருண்டையான பூமியின் வளைவை அடைந்துவிடுகிறது. இது தான் செயற்கை கோள் பூமியின் மேல் தரையை தொடாமல் சுற்றும் ரகசியம். அதன் பாதைக்கு பெயர் சுற்றுப்பாதை. விண்வெளி பாஷையில் "ஆர்பிட்". சுற்றி சுற்றி வருவதற்கு தேவையான வேகத்திற்கு பெயர் சுற்றுப்பாதை வேகம் அதாவது விண்வெளி பாஷையில் "ஆர்பிடல் வெலாசிடி". இந்த வேகம் மணிக்கு சுமார் 29,000 கி.மீ.

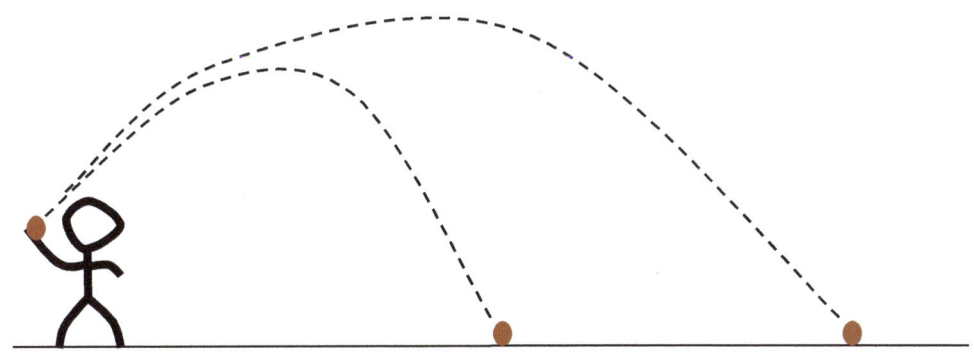

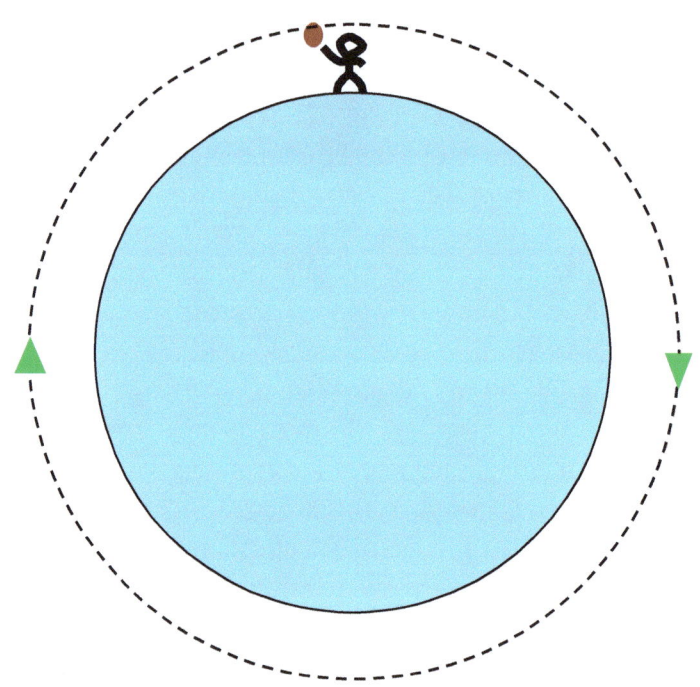

சுற்றுப்பாதைகளை பலவகைகளாக பிரித்திருக்கின்றனர். அதில் ஒன்று மிக சிறப்பு வாய்ந்தது. அதுதான் புவி வட்டப் பாதை. பூமி தன்னை தானே சுற்றி வருவதற்கு 24 மணி நேரம் பிடிக்கிறது. இது தான் ஒரு நாள். அதே ஒரு நாளில் ஒரு செயற்கை கோள் பூமியை சுற்றி வந்தால், பூமியில் நிற்கும் ஒரு நபருக்கு மேலே சுற்றும் செயற்கை கோள் வானத்தில் ஒரே இடத்தில் நிற்பது போல தோன்றும். இதை புரிந்து கொள்ள வேண்டுமென்றால் அடுத்த முறை இருசக்கர வாகனத்தில் நீங்கள் ஒரு வாகனத்திலும், உங்கள் நண்பர் ஒரு வாகனத்திலும், ஒரே வேகத்தில் ஒருவர் பக்கத்தில் இன்னொருவராக ஓட்டிப்பாருங்கள், உங்கள் நண்பரின் வாகனம் நிற்பது போல தெரியும். இந்த பாதை மட்டும் இல்லாவிட்டால் நம் வீட்டு சாடெலைட் ஆன்டெனாவை அவ்வப்போது செயற்கை கோள் அதாவது சாடெலைட் நம்மை விட்டு பிரியப் பிரிய அதை நோக்கி திருப்பி கொண்டே இருக்க வேண்டும். ஐ. பீ. எல் மேட்ச் பார்க்கலாம் என்று உட்கார்ந்தால் இடையில் நம் ஆன்டெனாவின் நோக்கிலிருந்து செயற்கை கோள் விலகிவிடும். இந்த சுற்றுப்பாதை இருப்பதால் எல்லா நேரத்திலும் நம் ஆண்டெனா வானத்தில் ஒரே இடத்தில் இருப்பது போல தோன்றும் செயற்கை கோளிலிருந்து டீ வீ ஒளிபரப்பை வாங்குவதால் நாம் தடையில்லாமல் பார்த்து ரசிக்க முடிகிறது.

திரை வான் ஓடியும் திரவியம் தேடு

என் வீடும் என் நாடுமே எனக்கு வசதியாக இருக்கும்போது, பெரும்பாலும் வெற்றிடமாக இருக்கும் விண்ணுக்கு ஏன் செல்லவேண்டும்? அதுவும் கோடிக்கணக்கில் பணம் செலவழித்து, உயிரை பணயம் வைத்து, விண்வெளி தேவையா? இதுபோன்ற கேள்வி அனைவர் மனதிலும் எழும். சுமார் ஆயிரம் ஆண்டுகளுக்கு முன்னரே தமிழ் நாட்டிலிருந்து தாய்லாந்து வரை, குஜராத்திலிருந்து ஆப்ரிக்கா-அரேபியா வரை, கொச்சினிலிருந்து சீனா வரை கப்பல் பிரயாணத்தில் ஈடுபட்டிருந்தினர் இந்தியர்கள். இடையில் கடல் தாண்டி போனவர்களை ஜாதியை விட்டு விலக்கும் பழக்கத்தில் இறங்கினார்கள். இதன் விளைவு, கிணத்துத் தவளை போல் மாறி, பிற நாட்டு விஞ்ஞான, பொருளாதார, ராணுவ வலிமைக்கு ஈடுகொடுக்க முடியாமல் அடிமைப்பட நேர்ந்தது. இன்றும் விண்ணிற்கு செல்லவில்லை என்றால், தங்கள் மண்ணையே பறி கொடுக்க நேரிடலாம்.

ராணுவ ரீதியில் விண்வெளியை கட்டுப்படுத்துவது வருங்காலத்தில் தவிர்க்க முடியாத கட்டாயம் ஆகிவிடும். கடந்த வளைகுடா போரை கவனித்தவர்கள் பீரங்கிக்கும் விமானத்திற்கும் இடையே நடந்த மோதலை பார்த்திருப்பார்கள். அதி வேகமாக மேலே பறக்கும் விமானத்திற்கு எதிரே பீரங்கி, கடற்கரையில் ஊர்ந்து செல்லும் குட்டி ஆமையை மேலிருந்து கொத்தி திங்கும் கழுகு போல அனாயாசமாக வெடித்துத் தகர்க்கப்பட்டது. இதே கதி தான் வருங்காலத்தில் பூமியில் மட்டும் செயல்படும் ராணுவத்திற்கு. இன்றைய தேதியில் செயற்கை கோள்களில் ஆயுதம் பொறுத்தவேண்டாம் என்று அணைத்து நாடுகளும் ஒப்புக்கொண்டிருப்பதால் இந்த அபாயம் இல்லை. ஆனால் வருங்காலத்திலும் இது நிலைக்கும் என்று எந்த உத்தரவாதமும் கிடையாது. இன்று கூட மறைமுகமாக செயற்கைகோள்களில் ஆயுதங்கள் ஒளித்து வைத்திருக்கப் பட்டிருக்கலாம், யார் அறிவார்! விண்ணிலிருந்து பூமியை தாக்கும் சக்தி ஒரு பக்கம் இருக்க மண்ணிலிருந்தும் விண்ணையும் தாக்க முடியும். உதாரணமாக சில வல்லரசு நாடுகள், தரையிலிருந்து புறப்பட்டு விண்ணில் சுற்றும் செயற்கை கோளை தாக்கி அழிக்கும் ஏவுகணைகளை வடிவமைத்து சோதனை செய்திருக்கின்றன. வருங்காலத்தில் எல்லா நாடுகளும் இன்று துப்பாக்கி வைத்திருப்பது போல இந்த வல்லமையை பெற்றுவிடும். செயற்கை கோள், ஐ. பீ. எல். மேட்ச் பார்ப்பது போன்ற அத்யாவச்ய தேவைக்கு முக்கியம் அல்லவா? அதனால் செயற்க்கை கோள்கள் அழிந்தால் நாடே ஸ்தம்பித்து போய்விடும்.

இது போன்ற கவலைக்கிடமான காரணத்தை பின்னுக்கு தள்ளிவிட்டு உற்சாகம் தரும் காரணத்தை பார்க்கலாம். அல்ப இடங்களான கடற்கரை, பூங்கா போன்ற இடங்களுக்கு சென்றாலே எப்படி மனம் லேசாகி உற்சாகம் அடைகிறது. பூமியையே விட்டு விண்ணிற்கு சென்று, அதே பூமி நீலப் பந்து போல் தோன்றுவதை பார்ப்பதற்கு எவ்வளவு அழகாக இருக்கும்! ராட்டணத்தில் சுற்றும் போது எவ்வளவு ஆனந்தமாக இருக்கிறது. புவி ஈர்ப்பு இல்லாமல் விண்வெளியில் மிதந்தால், அதைவிட பல மடங்கு குதூகலத்தை அளிக்கும் அல்லவா. சற்று நினைத்துப் பாருங்கள்.

விண்வெளி சென்று பொருள் ஈட்டுவதற்கும் ஏராளமான வாய்ப்புகள் இருக்கிறது. பூமியில் குறைவாக இருக்கும் கனிம வளம், பிற கிரஹங்களிலும் விண் கற்களிலும் வால் நட்சத்திரங்களிலும் அதிகம் இருக்கலாம். உதாரணத்திற்கு ஒருவேளை நம் நாடு நிலவில் பெரிய தங்க சுரங்கத்தை கண்டுபிடித்தால், அத்தனை தங்கத்தையும் பூமிக்கு கொண்டுவந்து விரைவில் நாம் அனைவரும் பணக்காரர்களாக மாறிவிடுவோம். விண்வெளியில் உல்லாச பூங்கா, விண்வெளி ஹோட்டல், விண்வெளி எரிபொருள் கிடங்கு, விண்வெளி மருத்துவமனை, தொழிற்சாலைகள் என்று பல. முக்கியமாக, பூமியில் தயாரிக்க முடியாத சில விஷயங்களை, ஈர்ப்பின்மையால் வானில் தயாரிக்க முடியம். பூமிக்கு அருகே இருக்கும் கீழ் சுற்றுப்பாதையில் குப்பை, ஆம் விண்ணிலும் குப்பை ஒரு தலை வலி, அங்கு சுற்றும் செயற்கை கோள்களை அவ்வப்போது தாக்கி சேதப்படுத்துகிறது. இதனால் விண்வெளியில் துப்புரவு தொழிலும் தவிர்க்கமுடுயாதது. நிலா, செவ்வாய், போன்ற விண்வெளி கிரஹங்களின் நிலம் வருங்காலத்தில் வான் சார்ந்த சமுதாயத்திற்கு முக்கியமாகிவிடும். இதில் சரியான நேரத்தில் எவர் நிலம் வாங்கிப் போடுகிறாரோ அவர் பின்னால் பெரிய சர்வ கிரஹ பணக்காரர் ஆகிவிடுவார்.

காலம் செல்ல செல்ல, ஒரு இடத்தில் பல தேவையற்ற பழக்கங்களும், தேவையற்ற பொருட்களும், நல்ல விஷயங்களை நெருக்கி, சமுதாயத்தை வளரவிடாமல் தடுக்கும். ஐரோப்பாவையும் அமெரிக்காவையும் ஒப்பிட்டுப்பார்த்தால் இது புலப்படும். அமெரிக்காவின் பெரும்பாலான மக்கள் புதிதாக ஒரு சில நூற்றாண்டுக்குள் குடிபெயர்ந்தவர்கள் தான். நீண்ட பாரம்பர்யம் ஒன்றும் கிடையாது. பல உலக நாட்டு மக்களும் குடியேறி கொண்டே இருக்கின்றனர். இதனால் பல கலாச்சாரங்களில் இருக்கும் நல்ல பழக்கங்களை எடுத்துக்கொண்டு, தனெக்கென்று ஒரு புது கலாச்சாரத்தை அமைத்துக்கொண்டது. பலதரப்பட்டவர்களால் உருவாக்கப்பட்ட சமுதாயம் என்பதால், சுதந்திரம், சமத்துவம் இரண்டையும் அடிப்படையாக கொண்டிருக்கிறது. ஐரோப்பாவின் ராஜா ராணி சார்ந்த அரசை புறக்கணித்து

விட்டு, மாபெரும் அளவில் ஜனநாயகத்தை உலகில் முதல் முறையாக அமல் படுத்தியது. கூடவே கனிம வளமும், நில வளமும் ஏராளமாக இருக்கவே, உலக மக்களை ஈர்க்கும் சிறப்பு வந்து சேர்ந்தது. இதேபோல செவ்வாயில் ஒரு புது குடி ஏற்படுத்தினால், பிரிவினைவாதம், தீவிரவாதம், சுற்றுப்புற சீர்கேடு போன்ற பிரச்சனைகளிலிருந்து அங்கு செல்பவர்கள் தப்பித்து விடுவார்கள்.

விஞ்ஞான காரணங்களும் பல இருக்கின்றன. விண்ணுக்கு செல்வது மிக கடினமான விஷயம். இதை சாதிக்க பல விஞ்ஞானிகளும் பொறியாளர்களும் தேவை. நிறைய ஆராய்ச்சியும் செய்ய வேண்டியிருக்கும். இந்த முதலீடு பண விரயம் போல தோன்றினாலும் பக்க விளைவாக பல நன்மைகள் உண்டு. அமெரிக்காவின் நிலவு செல்லும் முயற்சியின் பக்க விளைவாக பல தொழில்நுட்பங்கள் கண்டுபிடிக்கப்பட்டன. மிக லேசான அதேசமயத்தில் மிக வலிமையான வஸ்துக்கள், மனித உறுப்புக்களை மேலும் துல்லியமாக ஸ்கேன் செய்யும் முறைகள், அதிக செயல்திறனோடு சூரிய ஒளியிலிருந்து மின்சாரம் தயாரிக்கும் முறை, தீ தீண்டாத உடை, செல் போன் காமெராவின் முன்னோடி போன்ற பல உபயோகமான விஷயங்கள், புது தொழில் துறையையே உருவாக்கின.

சில சோதனைகளை மண்ணில் செய்யவே முடியாது விண்ணில் மட்டும் தான் செய்ய முடியும் ஏனெனில் விண்ணில் மட்டும் தான் புவி ஈர்ப்பு மிக குறைவாக இருக்கும். உதாரணத்திற்கு நெருப்பை எடுத்துக்கொள்வோம். நெருப்பு மேலே செல்லும் என்பது அனைவரும் ஒப்புக்கொள்ளும் கருத்து. ஆனால் விண்ணில் ஈர்ப்பு இல்லாததால் நெருப்பு ஒரு பந்து போல எரியும்.

வானிலை கணிப்பிற்கு செயற்கை கோள் முக்கிய உதவி புரிகிறது. இன்று நாம் புயல் மழைக்கான முன்னெச்சரிக்கையை ஒரு சாதாரணமான விஷயமாக கருதுகிறோம். ஆனால் அது விண்வெளி ஆராய்ச்சியின் விளைவு தான் என்று பலருக்கு தெரியாது. நினைத்துப் பாருங்கள் எச்சரிக்கை இல்லாமல் எத்தனை மீனவர்கள் முன் நாட்களில் புயலில் சிக்கிக்கொண்டு உயிர் இழந்திருப்பார்கள்.

"பூமியில் உயிரினம் எப்படி தோன்றியது?" என்ற அடிப்படை கேள்விக்கு விண்ணில் பதில் இருக்கலாம். "பூமியை தவிர பிரபஞ்சத்தில் வேறு எங்காவது அறிவு படைத்த ஜீவராசிகள் உண்டா?" என்ற கேள்விக்கும் விண்வெளி ஆராய்ச்சி பதில் அளிக்கும்.

இந்த அனைத்து காரணங்களை விட முக்கியமான காரணம் ஒன்று இருக்கிறது. அதுதான் பூமியின் மதிப்பை உணருதல். செவ்வாய் நிலவு போன்ற இடங்கள் அழகாக தோன்றினாலும் அவை மனித உடலுக்கு ஏற்றதல்ல. சுவாசிக்க கூட பூமியில் இருப்பது போல் காற்று கிடையாது. ஓடும் தண்ணீர் கிடையாது. சூர்ய கதிர் வீச்சிலிருந்து காக்க தடிமனான காற்று மண்டலம் கிடையாது. எங்கு பார்த்தாலும் வறண்ட நிலப்பரப்பு தான். எழில் கொஞ்சும் சொகுசான நீல பூமியை விண்ணிலிருந்து கண்டால் மட்டுமே, நம்மிடம் இருக்கும் நிரந்தரமான மாளிகையை காக்க வேண்டும் என்ற உணர்வு வரும்.

குப்பையை கூட்டுவது யார்?

இதுவரை ராக்கெட் செயற்கை கோளை விண்ணிற்கு செலுத்தும் என்று மட்டுமே கூறினேன் அல்லவா. அதன் பின் ராக்கெட் என்ன ஆகும்? பழைய செயற்கை கோள் என்ன ஆகும்? அதன் கதி என்ன? இப்படி படிப்பவர்கள் மனதில் கேள்வி எழுந்திருக்கலாம். இதற்கு பதில் அளிப்பதற்கு விண்வெளி விஞ்ஞானத்தை இன்னும் ஆழமாக பார்க்க வேண்டும்.

ஒரு ராக்கெட்டில் சாதாரணமாக இரண்டிலிருந்து நான்கு நிலைகள் இருக்கும். கீழ் நிலையிலிருந்து மேல் நிலைக்கு செல்ல, அந்த நிலையின் வேகம் மேலும் மேலும் அதிகரிக்கும். இது ஏன் என்றால் முதல் நிலைக்கு, தான் வேலை செய்யாமல் தனக்கு வேகம் தருவதற்கு அதற்க்கு கீழ் வேறொரு நிலை கிடையாது. இரண்டாவது நிலைக்கோ, தன் இன்ஜின் துவங்குவதற்கு முன்னரே முதல் நிலை கொஞ்சம் வேகம் தந்திருக்கும். மூன்றாவது நிலைக்கு, முதலாவதும், இரண்டாவதும், ஏற்கனவே வேகம் கொடுத்திருக்கும். இப்படி வேகம் கூடவே, கடைசி நிலை சுற்றுப்பாதை வேகத்தை அடையும். கடைசி நிலையோடு செயற்கை கோள் பொருத்தப்பட்டிருக்கும் என்பதால் செயற்கை கோளும் சுற்றுப்பாதையை அடைந்திருக்கும். சுற்றுப்பாதையை அடைந்த பொருள் பூமியை சுற்றி வந்துகொண்டே இருக்கும் தரையையே தொடாது. இதனால் கடைசி நிலையை தவிர, மற்ற நிலைகள் பூமியில் எங்காவது விழுந்துவிடும். பெரும்பாலும் அது கடலில் விழும்படி ராக்கெட் தளம் தேர்வு செய்யப்படும். இந்தியாவின் ஸ்ரீஹரிகோட்டா கூட அப்படி ஒரு தளம் தான். இதிலிருந்து கிழக்கு நோக்கி புறப்படும் ராக்கெட், ஒரு ஒரு நிலையாக முடிந்து கீழே விழ, அவை வங்காள விரிகுடாவில் மறைந்துபோகும். கடைசி நிலை பூமியை சுற்றி வந்து கொண்டே இருக்கும்.

விண்வெளி என்பது பூமிக்கு சுமார் 100 கி மீ உயரத்தில் ஆரம்பிக்கிறது என்று பொதுவான கருத்து. அங்கு காற்று மிகக்குறைவு. ஆனாலும் காற்று மிக சிறிய அளவு இருக்கத்தான் செய்கிறது. இந்த காற்று சிறிது சிறிதாக சுற்றுப்பாதையில் மீண்டும் மீண்டும் சுற்றி வரும் செயற்கை கோளையும், கடைசி நிலை ராக்கெட்களையும், சிறிது சிறிதாக மெதுவாக்கிக்கொண்டே வரும். வேகம் தான் சுற்றுப்பாதையில் சுற்றும் பொருளை பூமியை அடையவிடாமல் தடுக்கிறது என்று முன்னரே கூறினேன் அல்லவா, அந்த வேகம் போனதும் செயற்கை கோள் அல்லது கடைசி ராக்கெட் நிலைகள் தரைக்கு திரும்பி விடும். அது எங்கு விழும் என்று துல்லியமாக பல மாதங்களுக்கு முன் நிர்ணயிக்க முடியாது. சில நிமிடங்களுக்கு முன்னால் எச்சரிக்கை கொடுக்கலாம். இதைத் தவிர, மேலே சுற்றுப்பாதையில் சுற்றி வந்துகொண்டிருக்கிற பொருட்கள், ஒன்றோடு ஒன்று மோதிக்கொள்ளும் சம்பவங்களும் அவ்வப்போது நடை பெறுகின்றன. மோதும்போது, இரண்டு பொருட்களும் சிதறி பல சிறு துகள்கள் உருவாகின்றன. சிறு துகள் தானே என்று நினைக்கத் தோன்றும், ஆனால், ஒவ்வொன்றும் துப்பாக்கி குண்டை விட பல மடங்கு வேகத்தில் செல்லும் மினி பாம்கள். இதில் ஒன்று ஒரு செயற்கை கோளை தாக்கினால் கூட, பல கோடி ரூபாய் மதிப்புள்ள செயற்கை கோள் அதோகதி. விண்வெளிக்கு செல்லும் மனிதர்களுக்கும்

இதனால் பேராபத்து நிலவுகிறது. இத்தகைய விண்வெளி குப்பை, அதாவது, பழைய எரிபொருள் காலியாகி சுற்றுப்பாதையிலிருந்து தடம் புரண்ட செயற்கை கோள்கள், கடைசி ராக்கெட் நிலைகள், துகள்கள் போன்றவை, விண்வெளி சுற்றுப்பாதையில் மேலும் மேலும் பெருகி வருகின்றன. குப்பை ரொம்ப அதிகரித்து விட்டால், எந்த ராக்கெட்டும் அடி வாங்காமல் விண்வெளிக்கு செல்லவே முடியாத நிலை ஏற்பட்டுவிடும். இதற்கு ஒரே வழி, இன்று விடுவதுபோல் செயற்கை கோள் ஏவியதன் பின், கடைசி நிலை ராக்கெட்டை சுற்றுப்பாதையிலேயே விடாமல், அதை சுற்றுப்பாதையிலிருந்து மீண்டும் பூமிக்கு கொண்டுவருவது, ராக்கெட் செலுத்திய நிறுவனத்தின் பொறுப்பு என்ற சர்வதேச சட்டம் கொண்டு வரவேண்டும். அதேபோல செயற்கை கோள் ஆயுட்காலம் முடிந்த பின் அதை அப்புறப்படுத்துவது அந்த செயற்கை கோளின் உரிமையாளர் என்ற சட்டமும் கொண்டு வரவேண்டும். ஆனால் சுற்றுப்பாதையிலுருந்து அப்புறப்படுத்துவது எளிதான வேலை அல்ல. அதற்கும் அதிக பணம் வேண்டும். இந்த முதலீட்டை யார் செய்வது என்ற கேள்வியில், அனைத்து விண்வெளி நிறுவனமும் கப் சிப் என்று மௌனம் சாதிக்கின்றன.

விண்வெளிச் சட்டம்

விண்வெளி, மண்ணோ அல்லது நீரோ போல் இல்லாமல், பூமிக்கு மேல் இருப்பதற்கே, சுற்றுப்பாதையில் செல்லவேண்டிய கட்டாயத்தை விதிக்கிறது. அதனால் சுற்றுப்பாதையில் சுற்றும் செயற்கை கோள், பல நாடுகளுக்கு மேல் செல்ல வேண்டியிருக்கிறது. இதை ஒரு விமானத்தின் மூலம் செய்தால், அந்த அந்த நாடுகள் என் நாட்டின் மேலே இருக்கும் காற்று மண்டலம் எனக்குத்தான் சொந்தம் என்று உரிமை கொண்டாடுவர். விண்வெளியில் இது அபத்தமான பேச்சு. எப்படியோ இந்தப் பிரச்சனைக்கு ஏற்கனவே தீர்வு கண்டாகிவிட்டது. சில

சுற்றுப்பாதை வகைகளுக்கு, ஒரு சர்வதேச நிறுவனத்தின் அனுமதி பெற்றால் போதும். அனுமதி கிடைத்த சுற்றுப் பாதையில் செயற்கை கோளை செலுத்திக்கொள்ளலாம்.

சற்று அப்பால் சென்றால், சட்டதிற்கு அத்தனை பலம் இல்லை. உதாரணத்திற்கு, செவ்வாயையே ஒரு நிறுவனமோ, நாடோ, "இது என்னுடையது" என்று சொந்தம் கொண்டாடினால் என்ன செய்வது? விண்ணில் இருக்கும் கனிம வளம் யாருடையது? பல வருடங்களுக்கு முன்னால் ஏவப்பட்ட ராக்கெட் சிதறி அதன் துகள் பூமிக்கு வந்து விழுந்து சேதம் ஏற்படுத்தினால் அதற்கு எப்படி ஈடுகட்டுவது? என்ற பல கேள்விகளுக்கு சரியான பதில் இல்லை. வருங்காலத்தில் விண்வெளிக்கென்றே தனி சட்டம் தேவை.

ராக்கெட் புறப்படப் போகுது வாருங்கள்

பூமியை ஒரு பேருந்து நிலையம் போல கற்பனை செய்துகொண்டு நாம் உல்லாசமாக எங்காவது போய்வரலாம் என்று முடிவெடுத்தால் என்ன செய்வோம்? எந்த எந்த நேரத்தில், எந்த எந்த இடத்திற்கு பேருந்துகள் புறப்படுகின்றன என்ற விஷயத்தை சேகரிப்போம் அல்லவா. அதே மாதிரி, எந்த எந்த ராக்கெட், எந்த எந்த விண்வெளி இடத்தை சென்றடையப் போகிறது என்று இப்போது தெரிந்து கொள்வோம். இன்று இருக்கும் தொழில்நுட்பத்தை வைத்து நிலவு, பூமிக்கு அருகில் இருக்கும் கிரஹங்கள், அந்த கிரஹங்களை சுற்றி வரும் அதன் இயற்க்கை கோள்கள், விண் பாறைகள் போன்ற இடங்களுக்கு போய் வரலாம். ஏற்கனவே மேற்கூறிய சேரிடங்களுக்கு இயந்திரங்கள் சென்றாகிவிட்டது. மனிதனை அனுப்புவதில் கூடுதல் செலவும் ஆபத்தும் இருப்பதால், நிலவுக்கு மட்டுமே சென்று திரும்பி இருக்கிறோம். ஆனால் நம்பிக்கையை இழக்காதீர்கள், வரும் ஆண்டுகளில் பல ராக்கெட்கள் முக்கியமான இடங்களுக்கு மனிதனை ஏற்றி செல்ல தயாராகிக் கொண்டிருக்கின்றன.

விண்வெளிக்குச் சென்ற முதல் மனிதன் யூரி ககாரினை அடுத்து விண்வெளிக்குப் சிலர் போய் வந்து கொண்டிருக்கிறார்கள். விண்வெளி வீரர்களை தவிர 7 பேர், ரஷ்ய ராக்கெட் உதவியுடன், சர்வதேச விண்வெளி நிலையத்திற்கு ஏற்கனவே போய் வந்திருக்கிறார்கள். இந்த விண்வெளி நிலையம், கீழ்-பூமி சுற்றுப்பாதுயில் சுற்றிவருகிறது. இது வெறும் சுமார் 400 கி மீ உயரம் தான். இதைக் காட்டிலும் செவ்வாய் 5,50,00,000 கி மீ தூரத்தில் உள்ளது.

இந்திய விண்வெளி வீரர் ராகேஷ் ஷர்மா, 32 ஆண்டுகளுக்கு முன்னரே ரஷ்ய ராக்கெட் மூலம் விண்ணை அடைந்து முதல் விண்ணை தொட்ட இந்தியர் ஆனார். இந்திய விண்வெளி ஆராய்ச்சி நிலையம், முக்கிய தொழில்நுட்பத்தை ஏற்கனவே தயார் நிலையில் வைத்திருப்பதாக அரசுக்கு தகவல் தெரிவித்திருக்கிறது. அரசு நிதி ஒதுக்கீடு செய்ய வேண்டியது தான் பாக்கி. ஏறக்குறைய 10 வருடங்களுக்குள் ஒரு இந்தியரை இந்திய ராக்கெட் மூலம் விண்ணில் செலுத்தப்படுவார் என்று யூகிக்கலாம்.

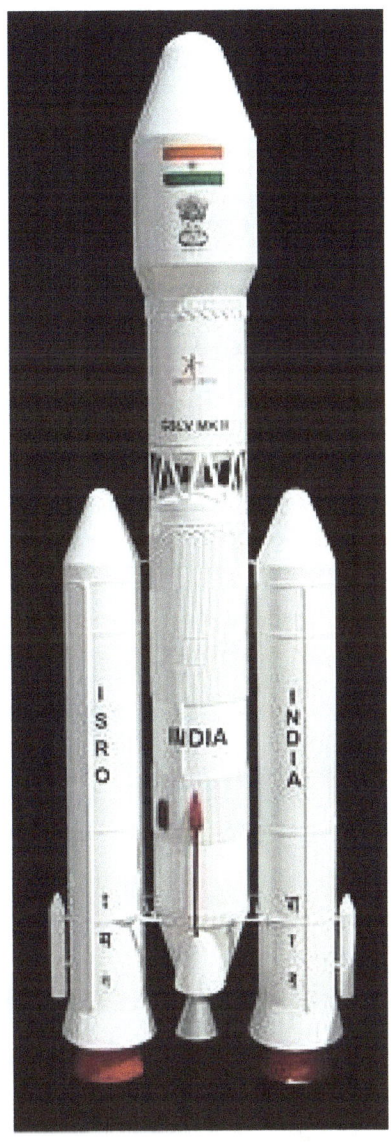

சீன அரசு சில வருடங்களுக்கு முன்பே வெற்றிகரமாக சீனர்களை தனது ராக்கெட் மூலமே விண்ணிற்கு செலுத்தி, பின்பு, பத்திரமாக தரைக்கும் கொண்டு வந்திருக்கிறது. தனக்கென்றே பிரத்யேக விண்வெளி நிலயத்தையும் விண்ணில் நிர்மாணிக்க திட்டம் போட்டிருக்கிறது. நிலவுக்கும் செவ்வாய்க்கும் கூட சீனர்களை அனுப்புவதற்கு யோசனை செயதுவருகிறது. ரஷ்யா ஜப்பான் போன்ற நாடுகளும் இம்மாதிரி யோசனையில் ஈடுபட்டுள்ளன.

அனைவருக்கும் முன்னோடியான அமெரிக்காவில், இரண்டு தரப்பில் மனிதர்களை ஆழ் விண்வெளிக்கு அனுப்பும் தொழில்நுட்பம் படிப் படியாக தயாராக்கப் பட்டுவருகிறது. எஸ். எல். எஸ் என்ற மஹா ராக்கெட்டை அரசு நிதி உதவியுடன் நாசா உருவாக்கி வருகிறது. இதை வைத்து ஆழ் விண்வெளி, அதிலும் குறிப்பாக, செவ்வாய்க்கு செல்ல யோசனை செய்து வருகிறது . சுமார் 20 ஆண்டுகளுக்குள் செவ்வாயை அடைந்துவிடுவார்கள் என்று நம்பலாம். இரண்டாவது தரப்பில், அதிரடியாக முன்னேறும் ஸ்பெஸ்-எக்ஸ் நிறுவனம்,

தனது "செவ்வாய் குடியமைப்பு போக்குவரத்து" என்று பெயரிடப்பட்டுள்ள ராக்கெட் மூலம், பல டன் எடை சரக்கையும், பல மனிதர்களையும், திரும்ப திரும்ப செவ்வாய்க்கு அனுப்பி, புது சமுதாயத்தையே உருவாக்க கனா கண்டுள்ளனர். இந்த நிறுவனம், செவ்வாய்க்கு வெறும் 6 வருடங்களுக்குள் மனிதனை அனுப்புவதற்கு திட்டம் வகுத்து வருகிறது. ஆறு வருடத்தில் அனுப்புவது மிக கடினமென்றாலும் 10-15 வருடங்களுக்குள் அனுப்பி விடுவார்கள் என்று நம்பலாம். அகில உலகிலேயே உற்சாகத்துடன், ஏன் வெறி என்று கூட சொல்லும் அளவிற்கு மனிதனை ஆழ் விண்வெளிக்கு அனுப்பும் முயற்சியில் ஈடுபட்டிருப்பவர்கள் இவர்களே.

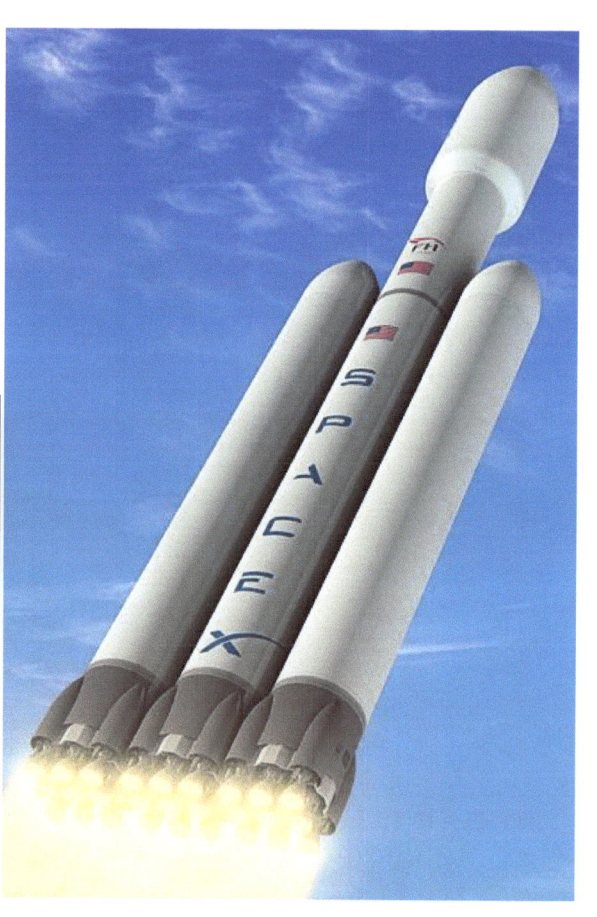

சரி எப்போது எந்த ராக்கெட் புறப்பட போகுது என்று தெரிந்துவிட்டது, அந்த ராக்கெட்டின் ஜன்னல் வழியே துண்டை வீசி இடம் பிடிக்க முடியுமா? கண்டிப்பாக காற்றோட்டமான ஜன்னல் இருந்தால் முடியும்! அந்த வழிகளை விட்டுவிட்டு நேர் வழி என்ன என்று பார்ப்போம்.

நீங்கள் ஒரு அதிரடி குணம் படைத்தவர் என்றால் விண்வெளி வீரராக ராக்கெட்டில் இடம் பிடிக்கலாம். முதல் சில பிரயாணங்கள் அதுவரை மேற்கொள்ளப் படாதவையாக இருக்குமென்பதால் விபத்து நேருவதற்கு அதிக வாய்ப்பு உண்டு. உயிருக்கு அஞ்சாமல் "என்ன பிரச்சனை வந்தாலும் ஒரு கை பார்த்துவிடுகிறேன்" என்று இறங்குபவர்களுக்கு முதல் ராக்கெட்டிலேயே இடம்

உண்டு. உயிருடன் பயணத்தை முடித்தீர்களானால் வரலாற்றுப் புத்தகத்தில் தங்களுக்கு அழியா பெருமை காத்திருக்கிறது.

நீங்கள் புத்தகப்புழு என்றால் விண்வெளி அறிவியலில் இறங்கலாம். இதுவரை குறிப்பிட்ட ராக்கெட் இன்று வரை கண்டெடுத்த விஞ்ஞான தத்துவங்களை வைத்து வடிவமைக்க பட்டுள்ளது. நீங்கள் புது அடிப்படை விஞ்ஞான தத்துவத்தை கண்டுபிடித்தால், அதுவும் ராக்கெட் செயல்திறனை மேலும் அதிகரித்தால், விண்வெளி உலகில் உங்களுக்கு ஹீரோ பதவி நிச்சயம்.

உங்கள் கை சும்மா இராமல் எதையாவது கழற்றுவதும் மாட்டுவதுமாக இருக்குமென்றால், உங்களக்கு சரியான வேலை விண்வெளி எந்திரங்களை வடிவமைப்பது அதாவது ராக்கெட், செயற்கைகோள், ஆழ் விண்வெளி தொலை தொடர்பு சாதனங்கள், விஞ்ஞான கருவிகள் போன்றவற்றை உருவாக்குவது. இந்த தொழில் உங்களை பொது மக்கள் மனதில் பெரிய ஹீரோ ஆக்காது.

ஆனால் மற்ற தரை சம்பந்தப்பட்ட நிறுவனங்களில் கிடைக்கும் வாய்ப்பை விட மிகுந்த உற்சாகம் தருவதாக இருக்கும் விண்வெளி பொறியியல் வேலை.

நீங்கள் ஒரு கலைஞரென்றால், பல கோடி மக்கள் மனதை நல்ல வகையில் தூண்டி, அவர்களை மாபெரும் சாதனை செய்ய ஊக்குவிக்கலாம். விண்வெளி நிகழ்வுகளை ஒட்டி சுவாரஸ்யமாக ஓவியம், திரைப்படம், நாடகம், கதை, பாடல், காணொலி, சிற்பம் என எந்த வடிவிலும் தங்கள் திறமையை காட்டலாம். இன்று கவர்ச்சி இல்லாமல், ஓர் உயர்ந்த பனை மரம் போல் காணப்படும் ராக்கெட்டை சற்று பார்ப்பதற்கு அழகாகக் கூட மாற்றலாம். ஜூல்ஸ் வேர்ன், அவரை அடுத்து வந்த பல விஞ்ஞானிகளுக்கு விண்வெளியை பற்றி ஆர்வம் வருவதற்கு முக்கிய காரணமாக இருந்தார் என்பது குறிப்பிடத்தக்கது.

நீங்கள் வியாபாரத்தில் மிகுந்த ஆர்வம் கொண்டவர் என்றால் ராக்கெட் பாகங்கள், எரிபொருள், பிற கிரஹத்து கனிம வளங்கள், விண்வெளி சுற்றுலா, விண்வெளி தொழிற்சாலை என பல தரப்பில் முதலீடு செய்து மிகுந்த லாபம் பெறலாம்.

இவர்கள் யாரைப்போலும் இல்லாமல் நீங்கள் உலகில் 99% மக்களைப் போல ஒரு சராசரி மனிதரென்றால், பொறுத்திருங்கள் ராக்கெட் பயணச்சீட்டு தங்கள் வீட்டைத் தேடி தானே ஒரு நாள் வந்து சேரும். தோட்டத்தில் விளைந்த கத்திரிக்காய் கடைக்கு வந்து தானே ஆகவேண்டும். நூற்றிப்பத்து ஆண்டுகளுக்கு முன்னர் தான் ரைட் சகோதரர்கள் முதல் விமானத்தை பறக்க செய்தனர். இப்போதோ கோடான கோடி சராசரி மக்கள் விமானத்தில் பயணிக்கின்றனர். நாற்பது ஐம்பது ஆண்டுகளுக்குள் ராக்கெட் பிரயாணம் சாதாரண விஷயம் ஆகிவிடும். ஏன், உங்கள் பேரப்பிள்ளைகள் கூட ராக்கெட்டில் சர்வ சாதாரணமாக பிரயாணம் செய்யக்கூடும்.

முடிவுரை

துர்முகி வருடம் ஆவணி மாதம்

படிப்பதற்கு எளிமையாக இருக்கவேண்டும் என்று சில இடங்களில் துல்லியமாக விஞ்ஞானத்தை விவரிக்காமல், தோராயமாக விளக்கி இருக்கிறேன். நானும் ஒரு தமிழ் புலவரோ ராக்கெட் விஞ்ஞானியோ இல்லாததால், எனக்கு தெரியாமல் சில தவறுகள் இந்த புத்தகத்தில் ஒளிந்திருக்கலாம். அதை பொருட்படுத்தாமல் அன்னப்பறவை போல் பாலை மட்டுமே பருகியிருப்பீர்கள் என நம்புகிறேன். தவறுகளை சுட்டிக்காட்ட விரும்பினால் புத்தக இணைய தளத்தில் "ரெவ்யூ" டப்பாவில் தாங்கள் கருத்துக்களை பதிவு செய்யுங்கள். அடுத்த வெளியீட்டில் எல்லா தவறுகளையும் திருத்தி வெளியிடுகிறேன்.

விண்வெளித் துறை பெரிய கடல் போன்றது என்று சொன்னால் அது விண்ணுக்கு இழுக்கு. அண்ட சராசரத்தையே தனக்குள் அடக்கிவைத்திருக்கும் விண்ணிற்கு நிகர் இல்லை. விண்வெளி பற்றி தெரிந்து கொள்வதற்கு அளவுக்கு அடங்காத தகவல்கள் உண்டு. இந்த புத்தகத்தில் இருப்பது கடுகளவு தான். இதில் இல்லாததோ விண்ணளவு.

"நான் போகிறேன் மேலே மேலே" படிப்பவர்களுள் சிலர், விக்ரம் சாராபாய் போலவோ, அப்துல் காலம் போலவோ, அல்லது ஈலான் மஸ்க் போலவோ, பெரும் விண்வெளி வீரராக ஏவிக்கொள்வர் என கனவு காணுகிறேன்.

நாம் போகலாம் மேலே மேலே !

அட்டகாப்பி

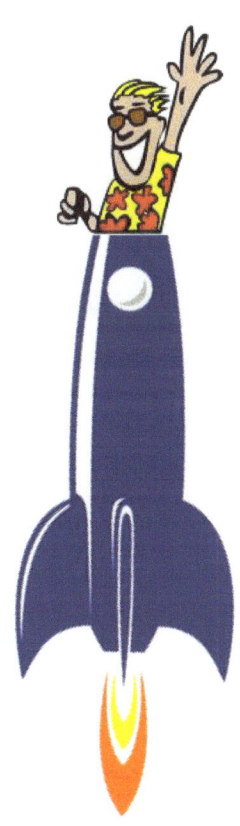